KB249247

빛깔있는 책들 203-1

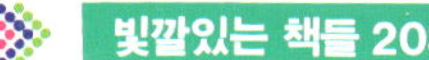

# 다도

글, 사진/이기윤

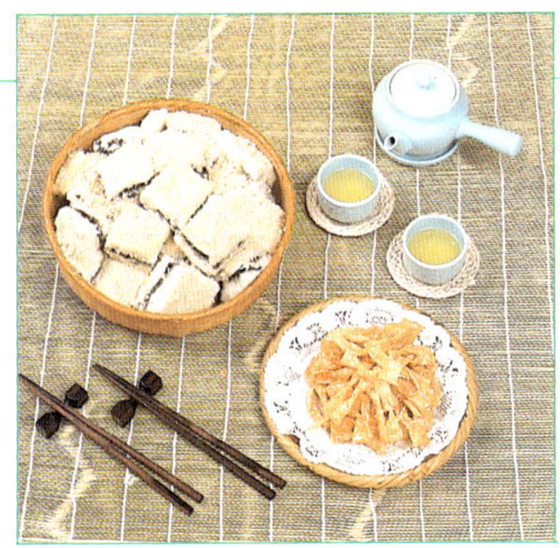

대원사

이기윤

월간 「다원」, 월간 「여행」의 편집장을 역임했으며 월간 「다담」의 발행인 겸 편집인을 지냈다. 소설가로 한국문인협회 회원이며, 저서에 「저널리스트의 눈에 비친 다도 열풍」이 있고 장편소설 「잔인한 여름」, 시집 「사랑스런 내일을 위하여」 등이 있다.

빛깔있는 책들 203-1

# 다도



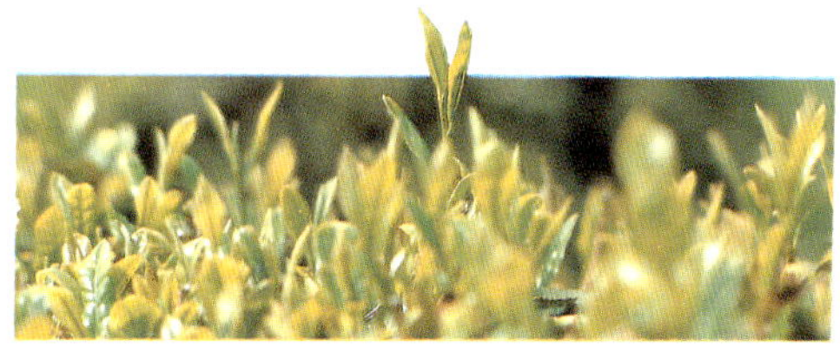

# 사진으로 보는 다도

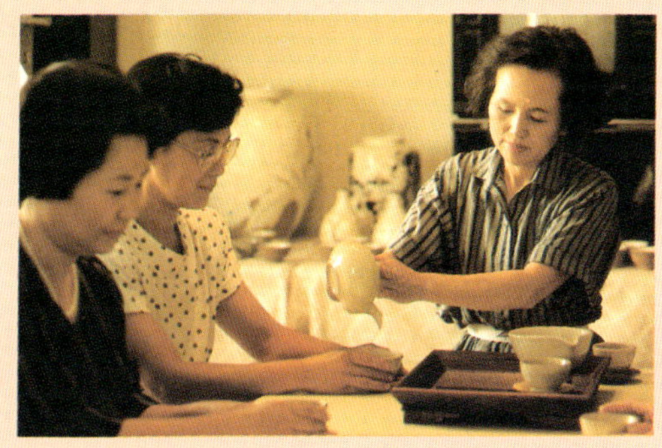

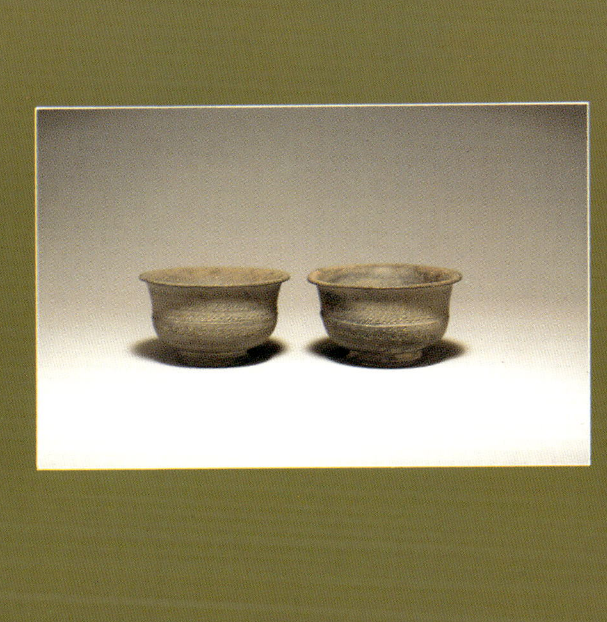

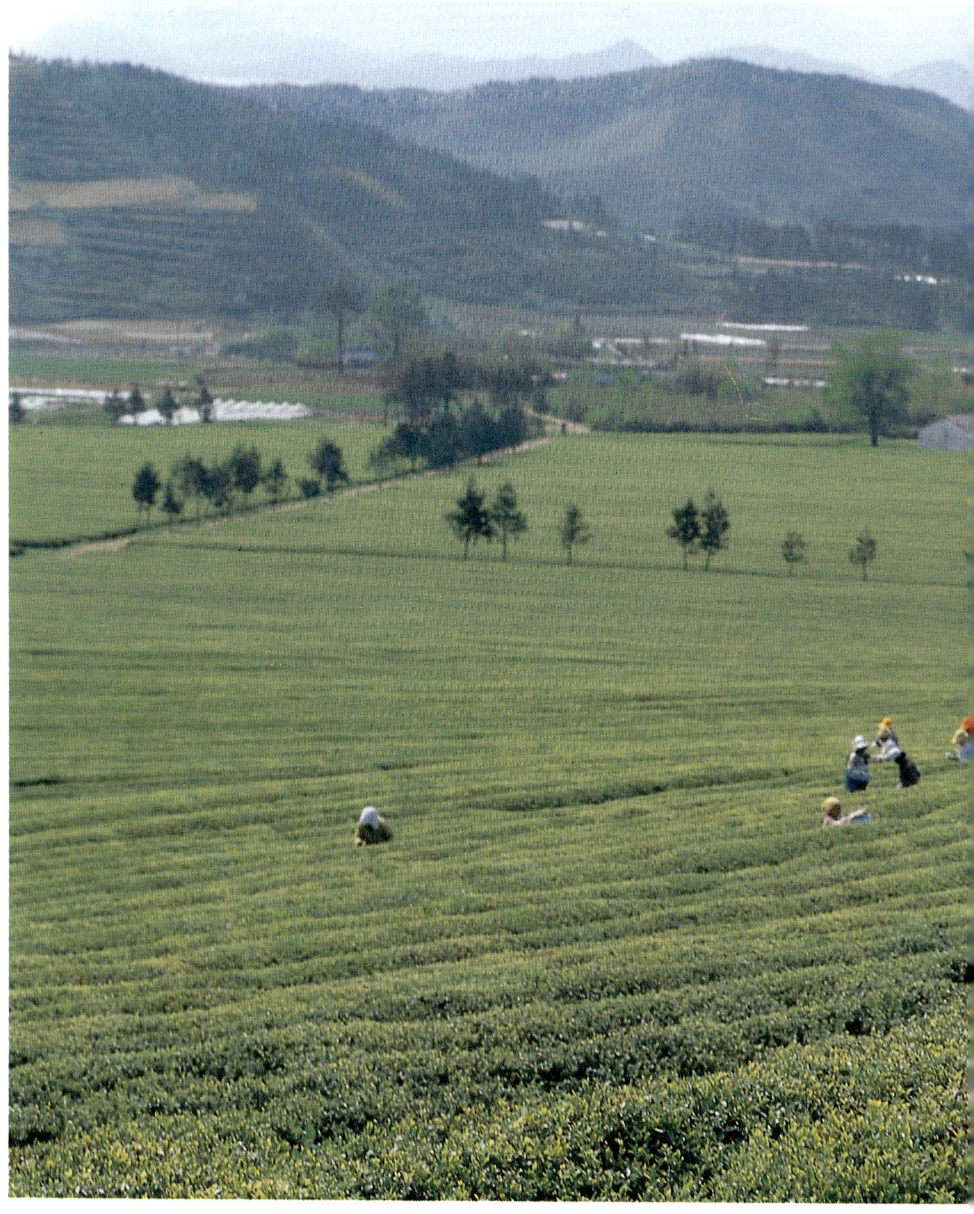

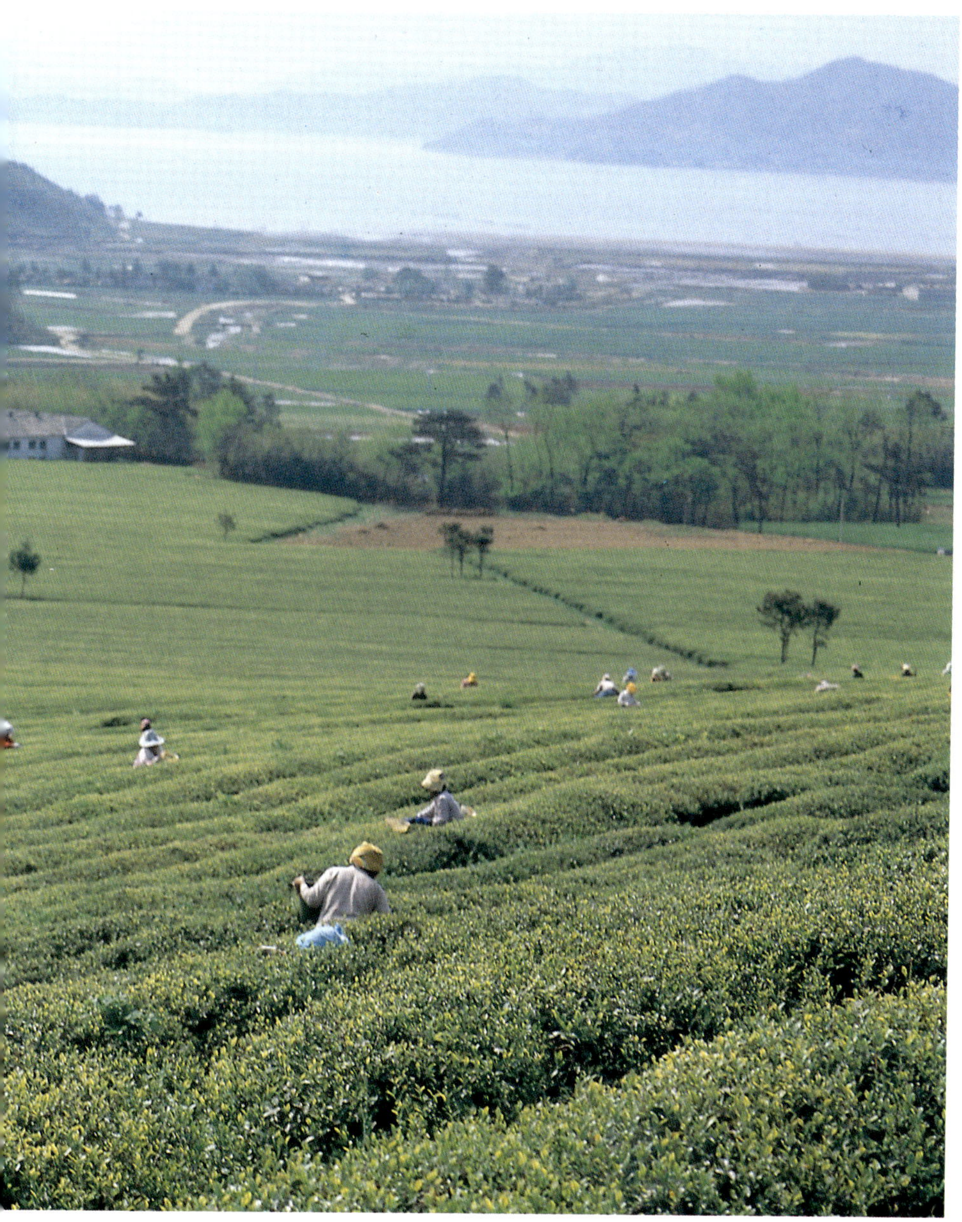

보성 농민들의 차밭. 차나무 재배에 힘쓰고 있는 보성군 내의 차농은 30 호쯤 되는데 이 농민들의 밭을 모두 합치면 20만평쯤 된다.

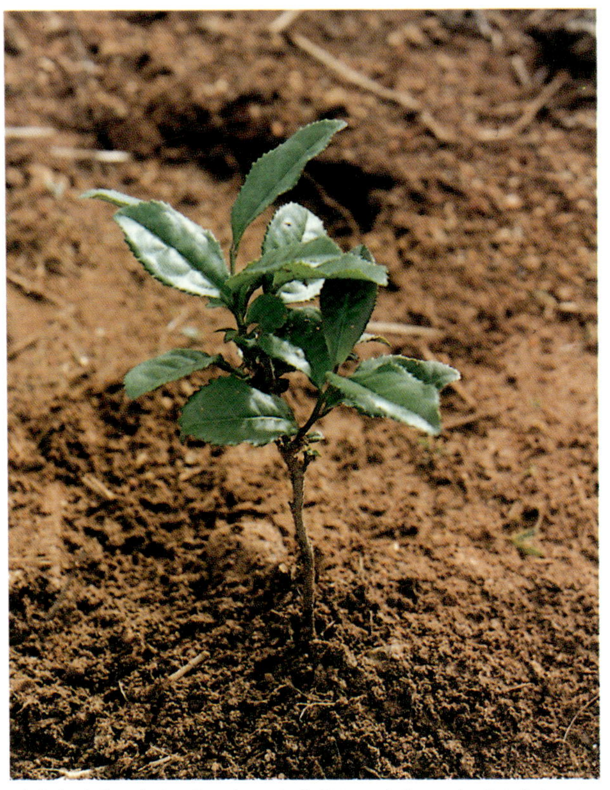

일년생 차나무이다. 한국의 토종 차나무는 씨앗으로만 번식한다. 직근성으로 뿌리가 곧게 내리뻗기 때문에 옮겨 심으면 죽는다. 그래서 옛날 풍습에 여자가 시집갈 때 정절의 상징으로 차씨를 혼수 속에 담아가기도 했다. 대개 7년생에서부터 찻잎을 수확할 수 있다. (왼쪽)

꽃이 지고 열매가 떨어지고 나서 3 개월쯤 지나면 새순이 돋아난다. 차는 이렇게 이른 봄에 새로 돋아나는 것을 따모아 가공한다. (오른쪽 위)

차나무 꽃. 차나무는 꽃과 열매를 함께 맺는 특성이 있어 실화상봉수라고 한다. 10월 중순부터 꽃이 피기 시작하는데 1월 중순까지도 꽃을 볼 수 있다. (오른쪽 아래)

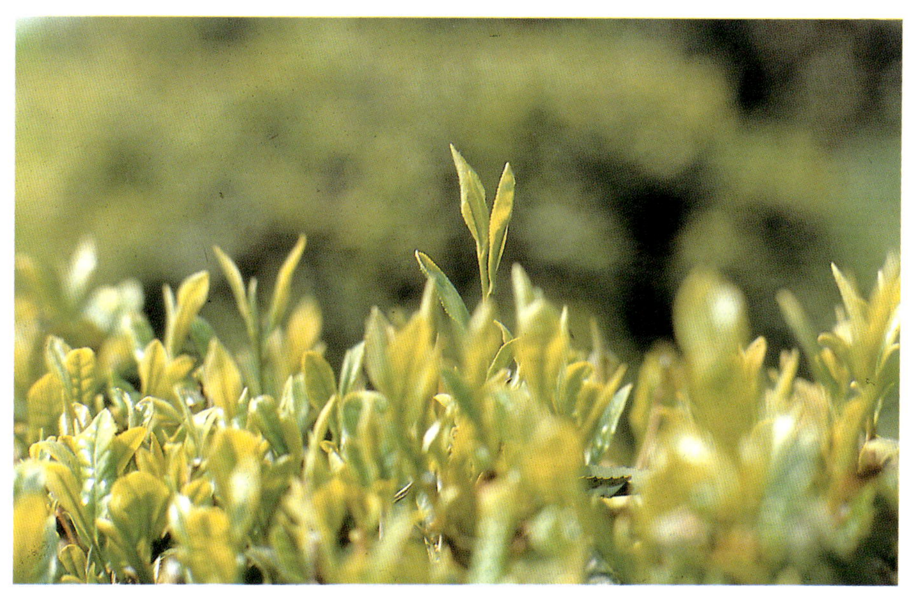

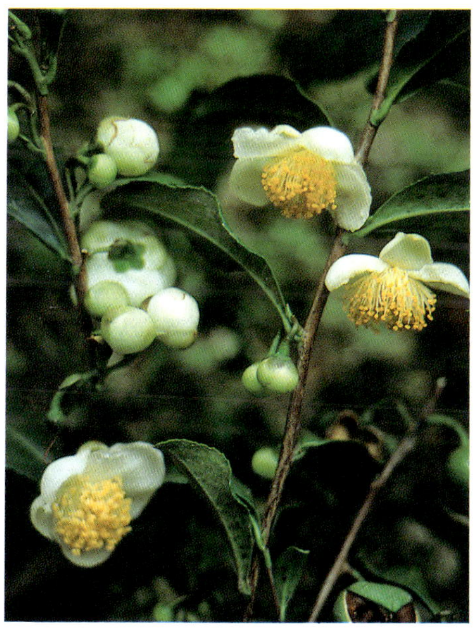

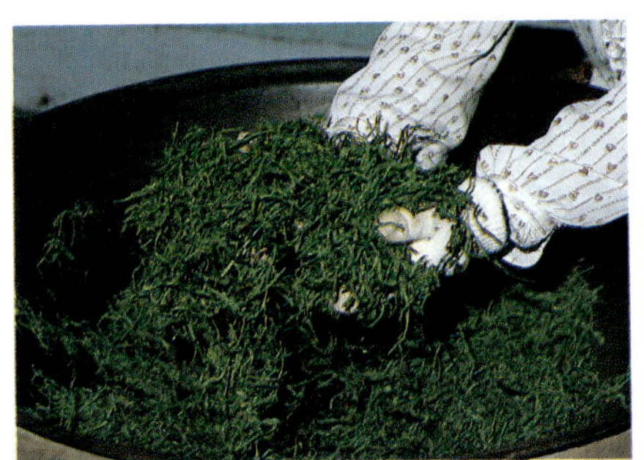

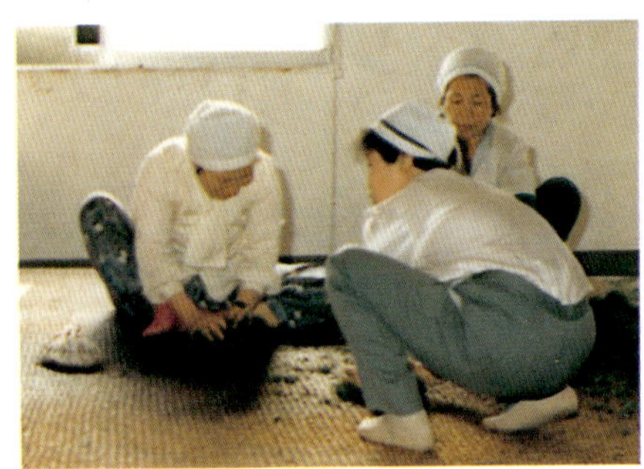

재래식 제다법은 뜨겁게 달군 가마솥에 차를 덖은 다음 손으로 비비고 또 덖고 비비고 하기를 세 번에서 다섯 번쯤 반복하여 건조시킨다. (왼쪽)
현대식 제다는 재래식을 자동화한 것에 지나지 않는다. 찻잎의 발효를 막기 위해 일단 차나무에서 딴 잎은 가장 짧은 시간에 가공을 완료해야 한다. (오른쪽)

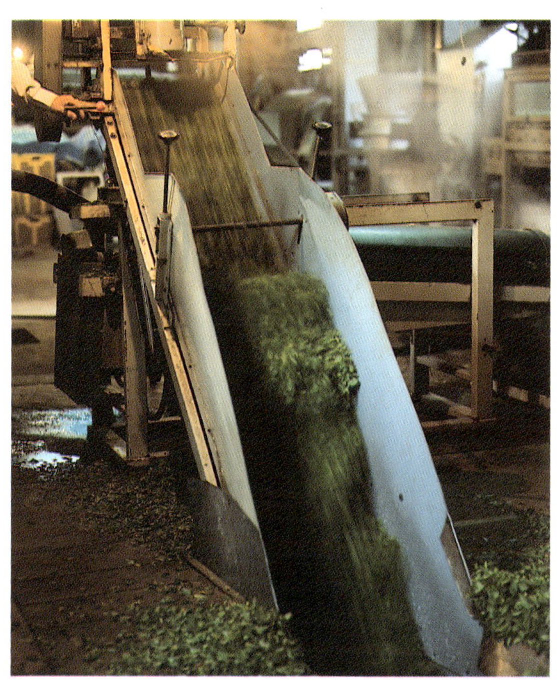

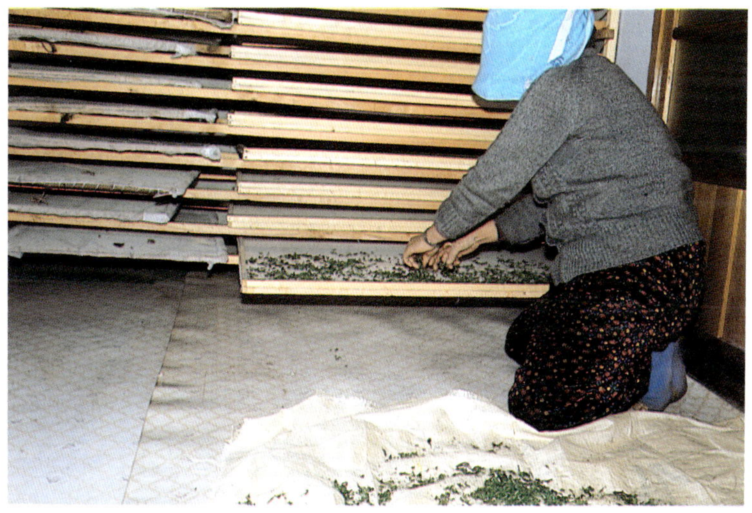

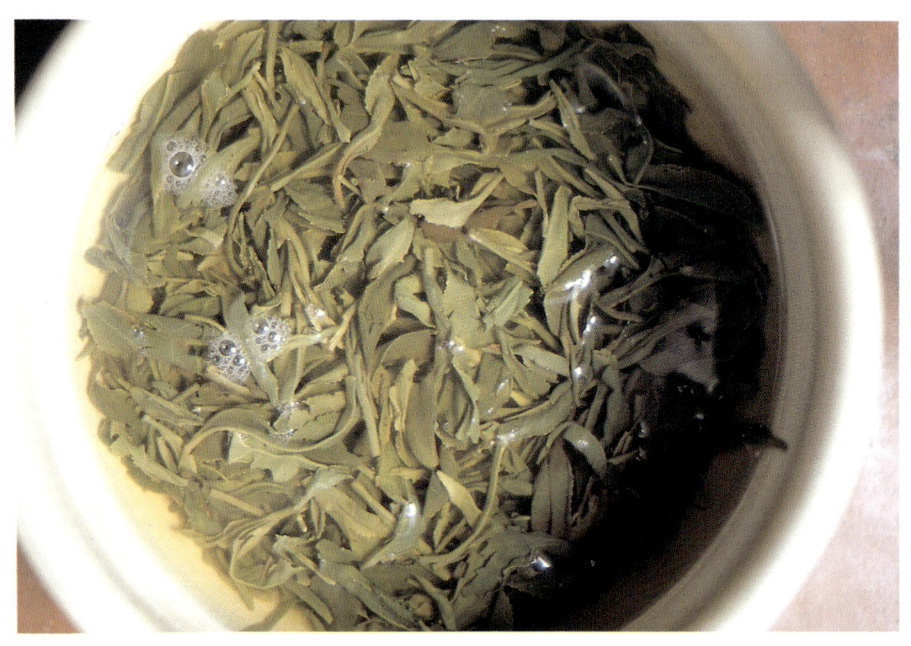

가공한 찻잎을 더운 물에 불리면 찻잎이 원래대로 펴진다. 이 때 찻잎이 많이 잘려 있으면 그것은 기계로 채다한 것이기 때문에 좋은 차라고 할 수 없다. 본디의 모습 그대로 살아나는 것이 좋은 차이다.

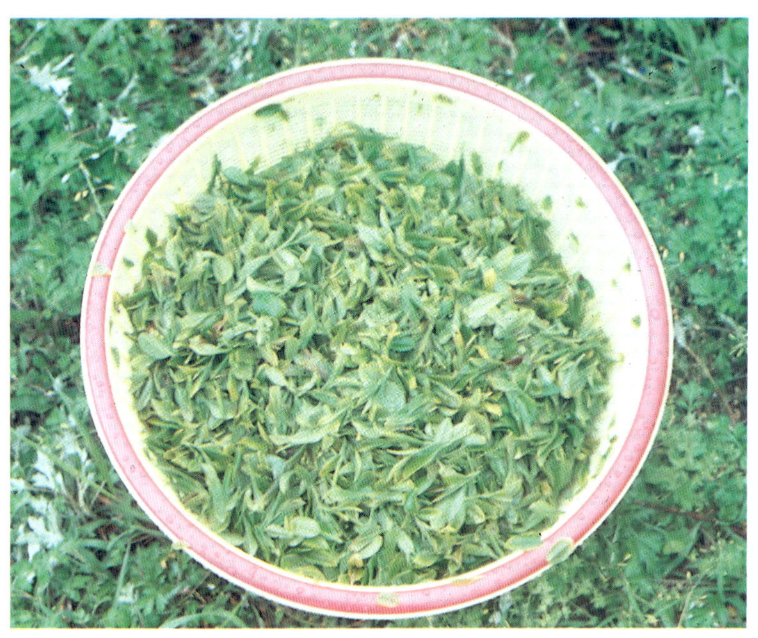

발효시키지 않은 막 딴 찻잎.

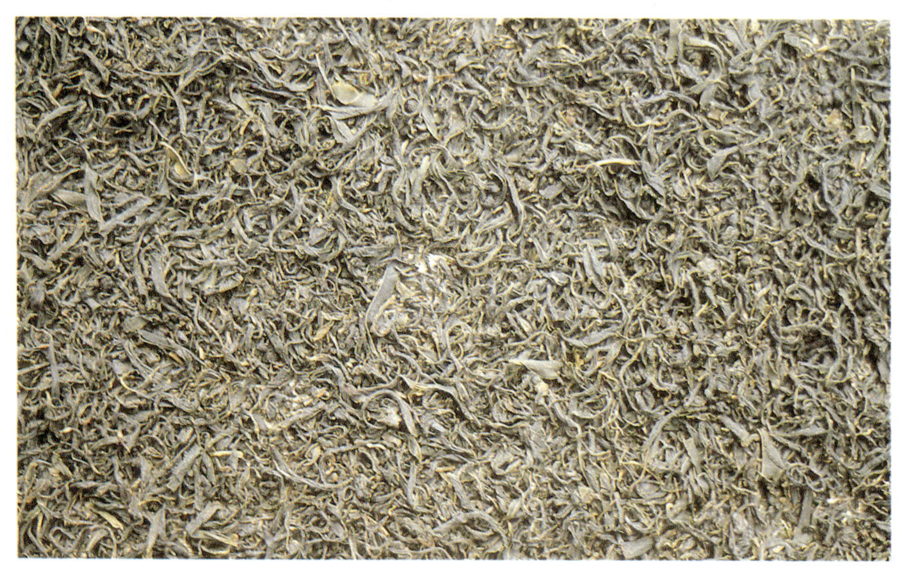

차는 채다 시기에 따라 품질에 차이가 난다. 곡우 전후에 딴 것을 세작(細雀)이라 하는데 최상품으로 친다. 세작은 찻물의 온도를 5, 60도쯤으로 하여 우린다.

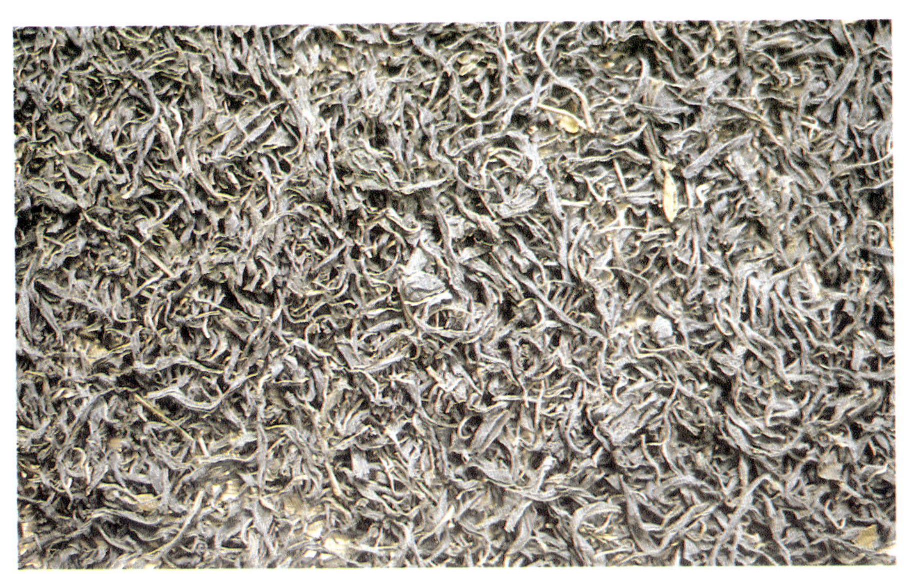

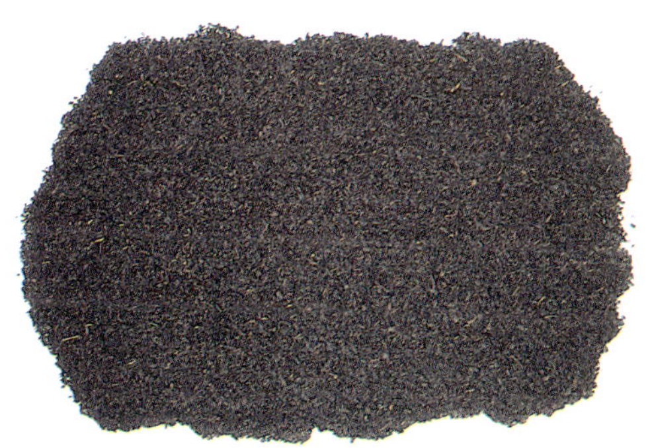

입하 전후에 딴 것을 중작(中雀)이라 한다. 물의 온도를 6,70도 사이에 맞추면 좋다.(위)
완전히 발효시킨 차로 동양에서는 우린 빛깔이 붉어서 홍차, 서양에서는 찻잎이 검다고 하여 블랙 티라고 부른다.(아래)

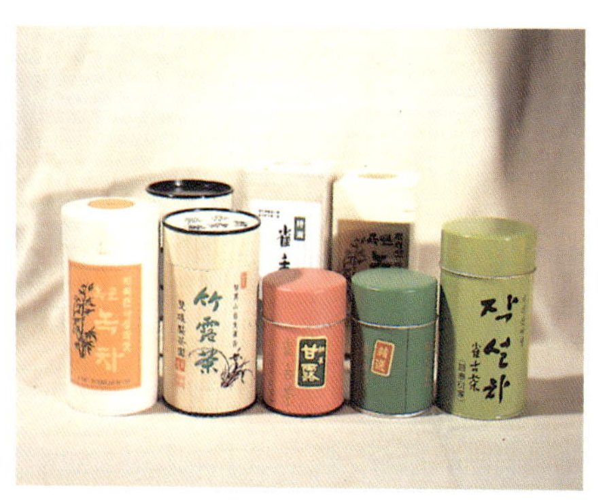


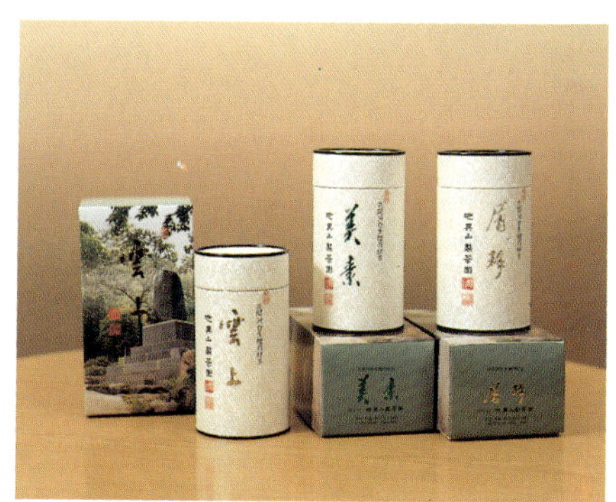

시중에서 판매되고 있는 여러 가지 차들.

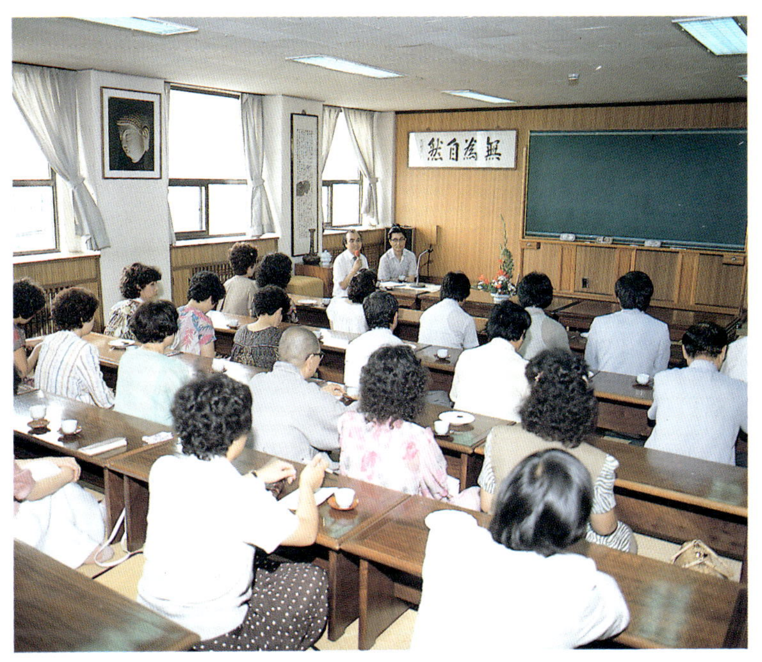


차 생활은 물을 조금 고급스럽게 마시는데 그치는 것이 아니다. 차 생활 속에는 예절의 근본이 있고 철학이 있으며 문화가 숨쉰다. 따라서 차 생활은 교육의 가치를 지닌다. 강남에 있는 효동원의 강의 모습.

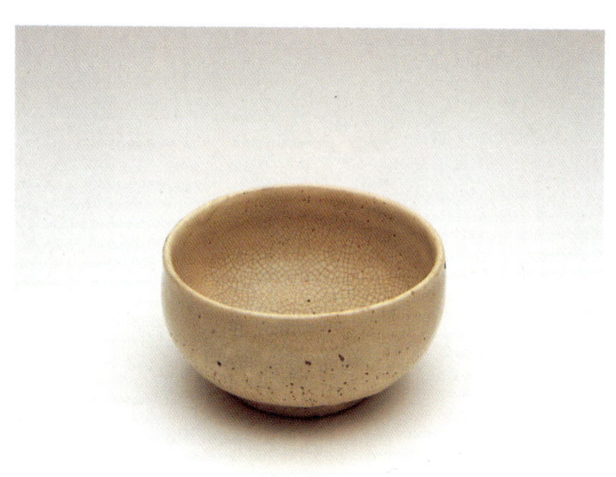

조선 시대의 찻잔으로 초의선사가 아끼던 유품이다. (왼쪽)
찻잔에 차를 따를 때에는 잔을 한 번에 채우지 말고 찻잔을 옮겨가며 조금씩 나누어 따른다. 차는 시간이 지남에 따라 색과 향과 맛이 진해지므로 이것을 고르게 하기 위해서이다. 또 차석에 앉은 모든 사람이 평등하다는 것을 뜻하기도 한다. (오른쪽)

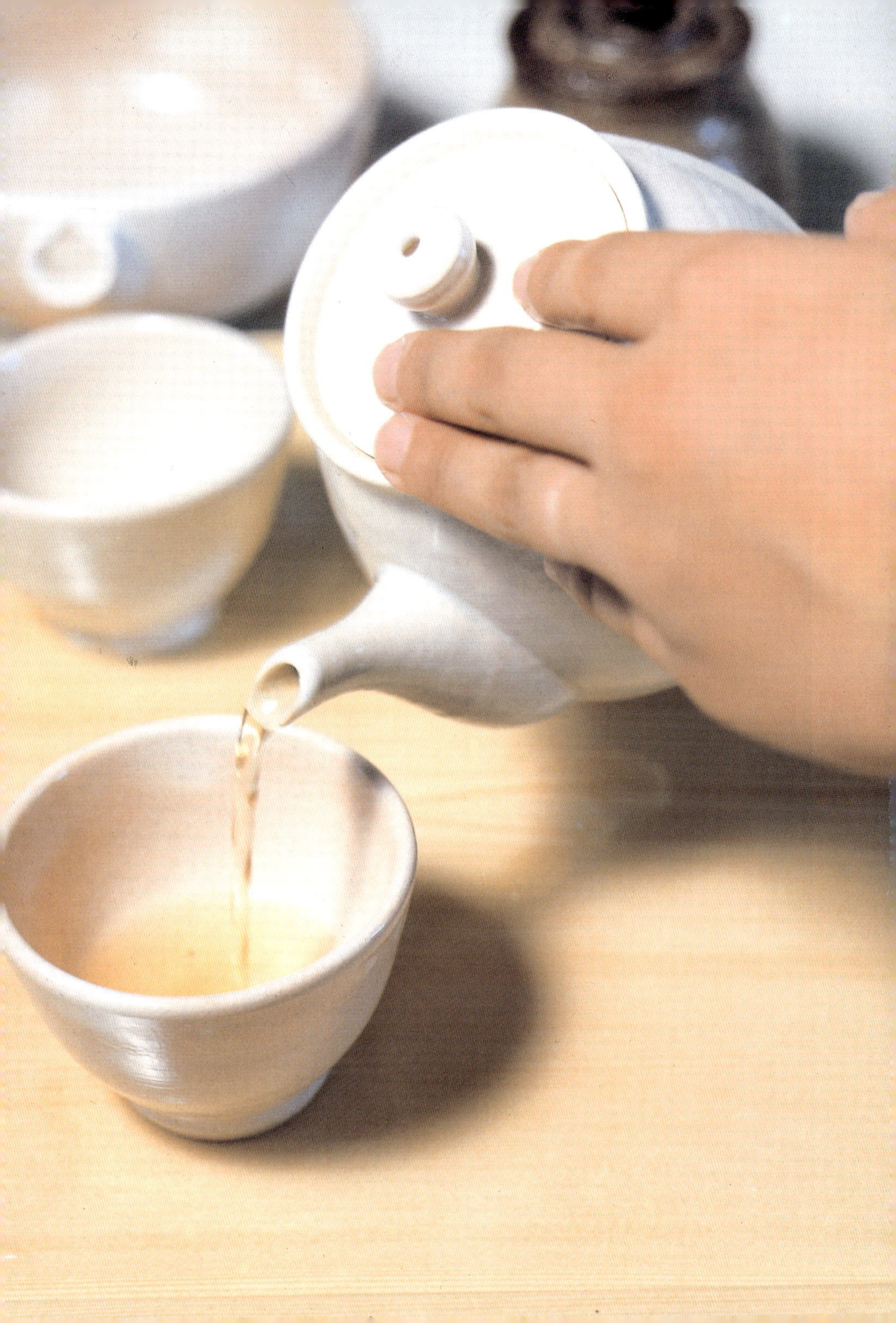

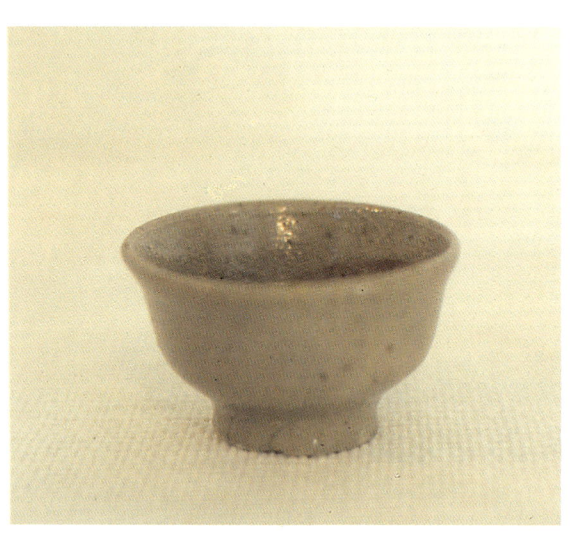

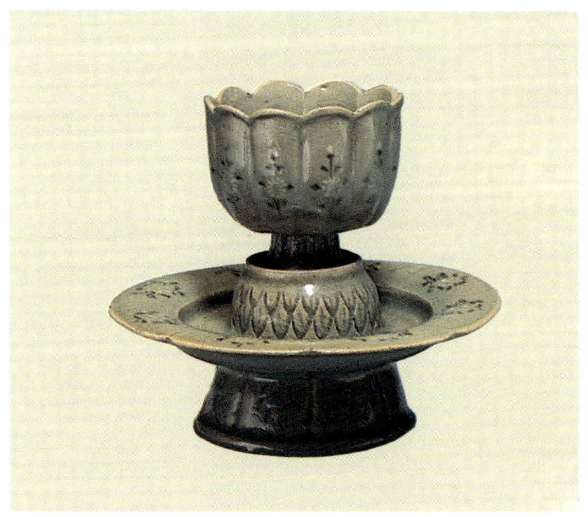

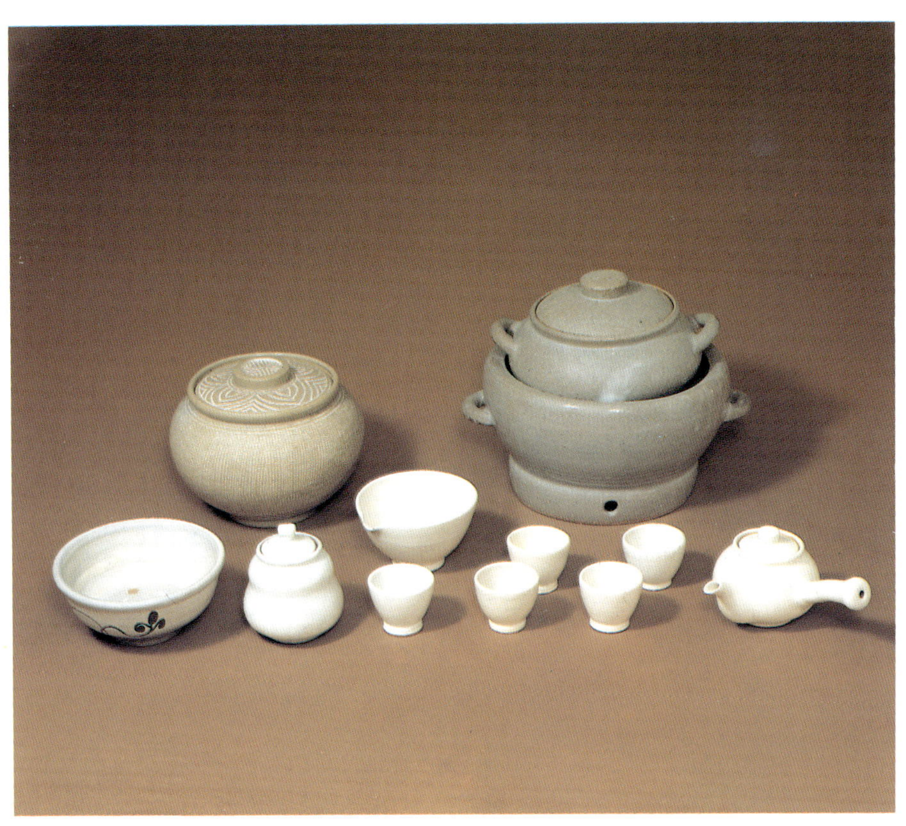

고려 시대의 찻잔. 태평양박물관에 소장되어 있다.(왼쪽 위)
국화문이 흑백상감된 연꽃형의 잔과 잔대. 궁중과 사원에서 진차, 헌차 때 사용한 의식용 찻잔이다.(왼쪽 아래)
현대 다기. 차 생활 운동이 새롭게 시작되던 십 년 전만 해도 다기를 만드는 도공이 드물었다. 그러나 요즈음에는 다기를 만들지 않는 도공은 거의 없다. 다기의 기본 세트는 찻주전자와 귀때그릇(숙우)과 찻잔 다섯 개인데 이것은 음양오행 사상에 근본을 두고 있기 때문이다. 그 밖에 차항아리, 개수그릇, 물항아리, 화로 따위도 만들어 시장에 내놓고 있다. 토암 서타원의 다기이다.(오른쪽)

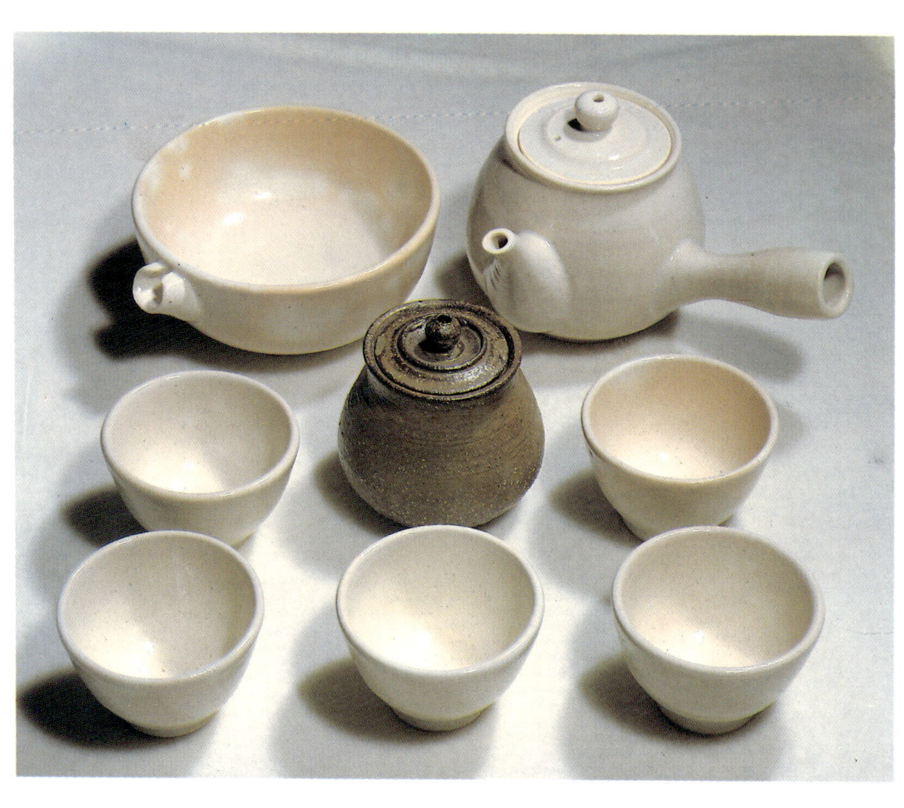

가락요(정용)에서 만든 현대 다기.

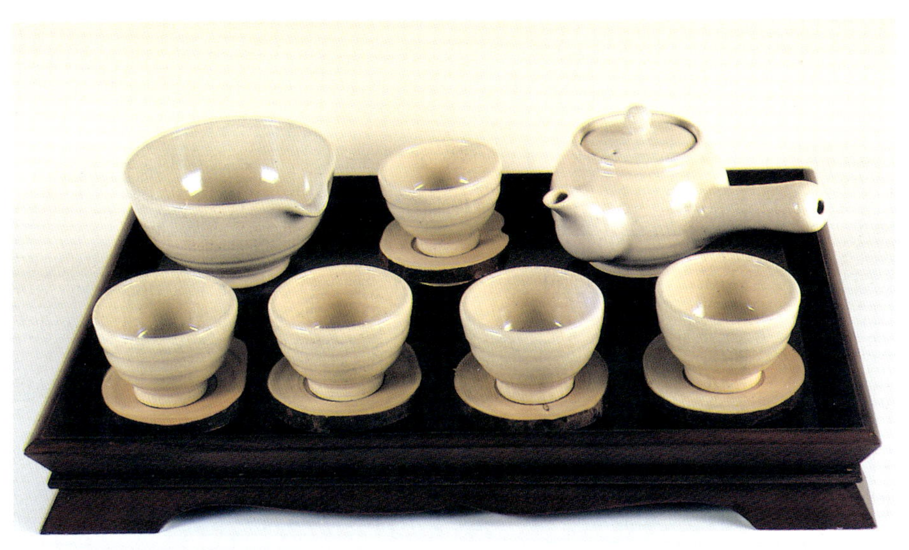

광리요(고성배)에서 만든 현대 다기.

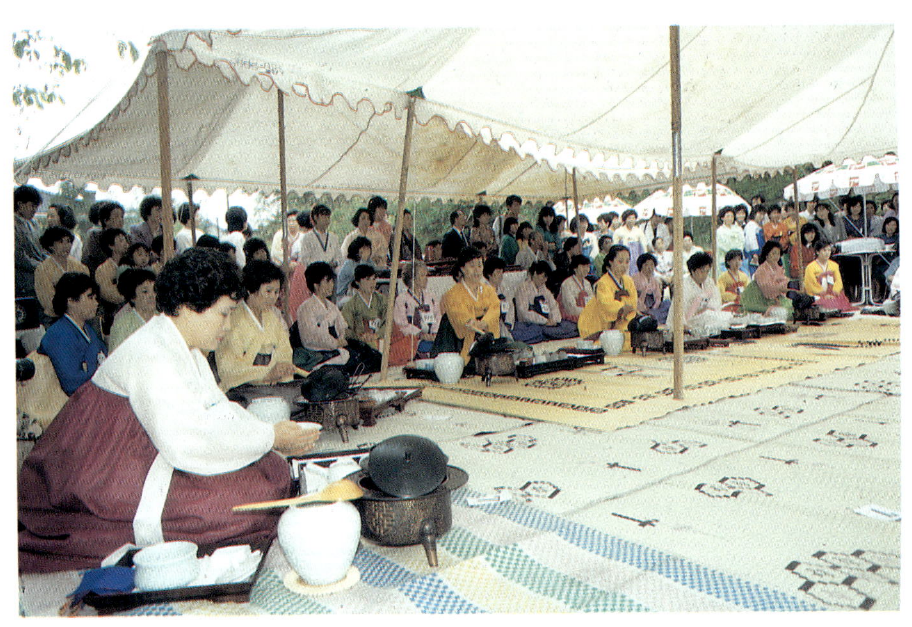

우리나라 차 생활 재홍 운동은 그것이 전통 예절과 연결되면서 여성 사회에 급속히 전파되었다. 경복궁에서 해마다 벌어지는 신사임당의 날 행사 때의 다례 경연 대회.

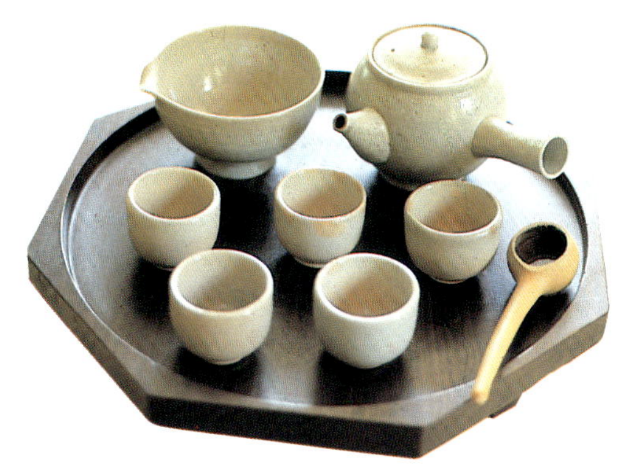

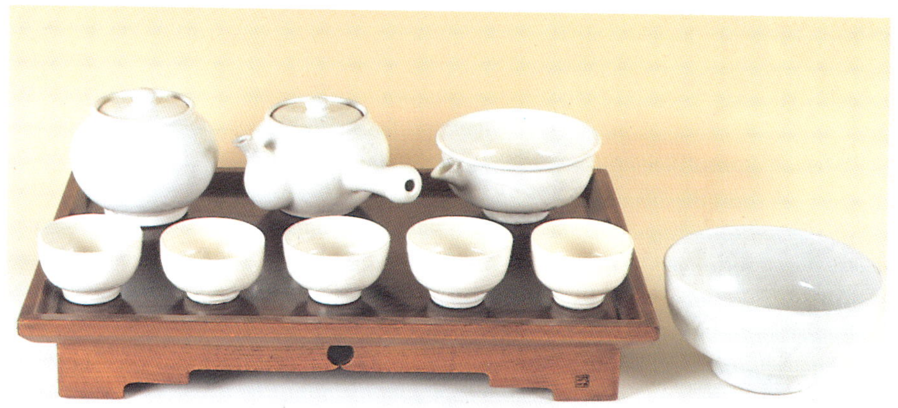

토우 김종희옹의 현대 다기. 김종희옹은 차 생활이 다시 시작되던 초기에 현대 다기를 만든 도공 가운데 한 사람이다.(위)
조령요(신정희)에서 만든 현대 다기. 현대 다기를 통해 고려 백자를 재현하려고 노력했다.(아래)

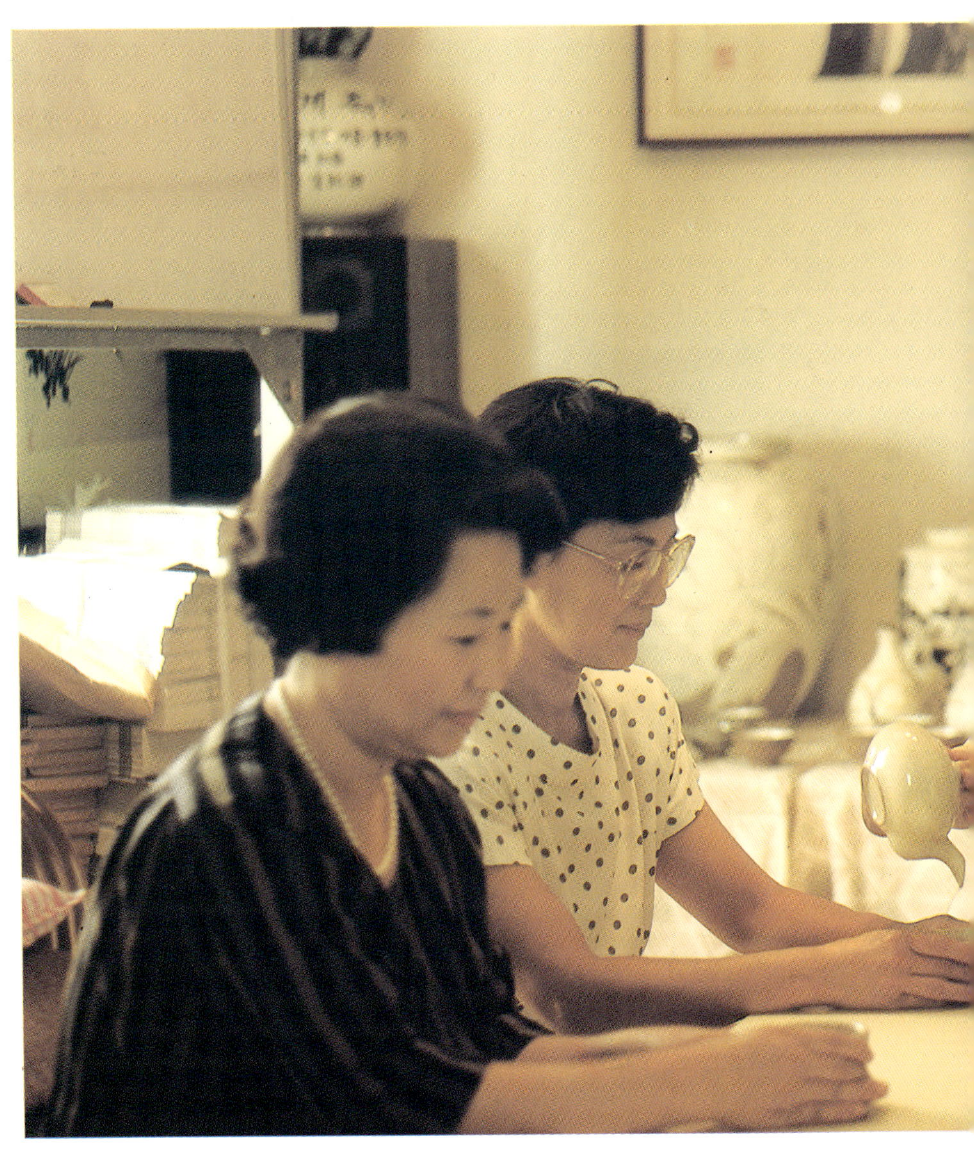

차를 낼 때에는 되도록 마음을 고요하게 하도록 노력한다.

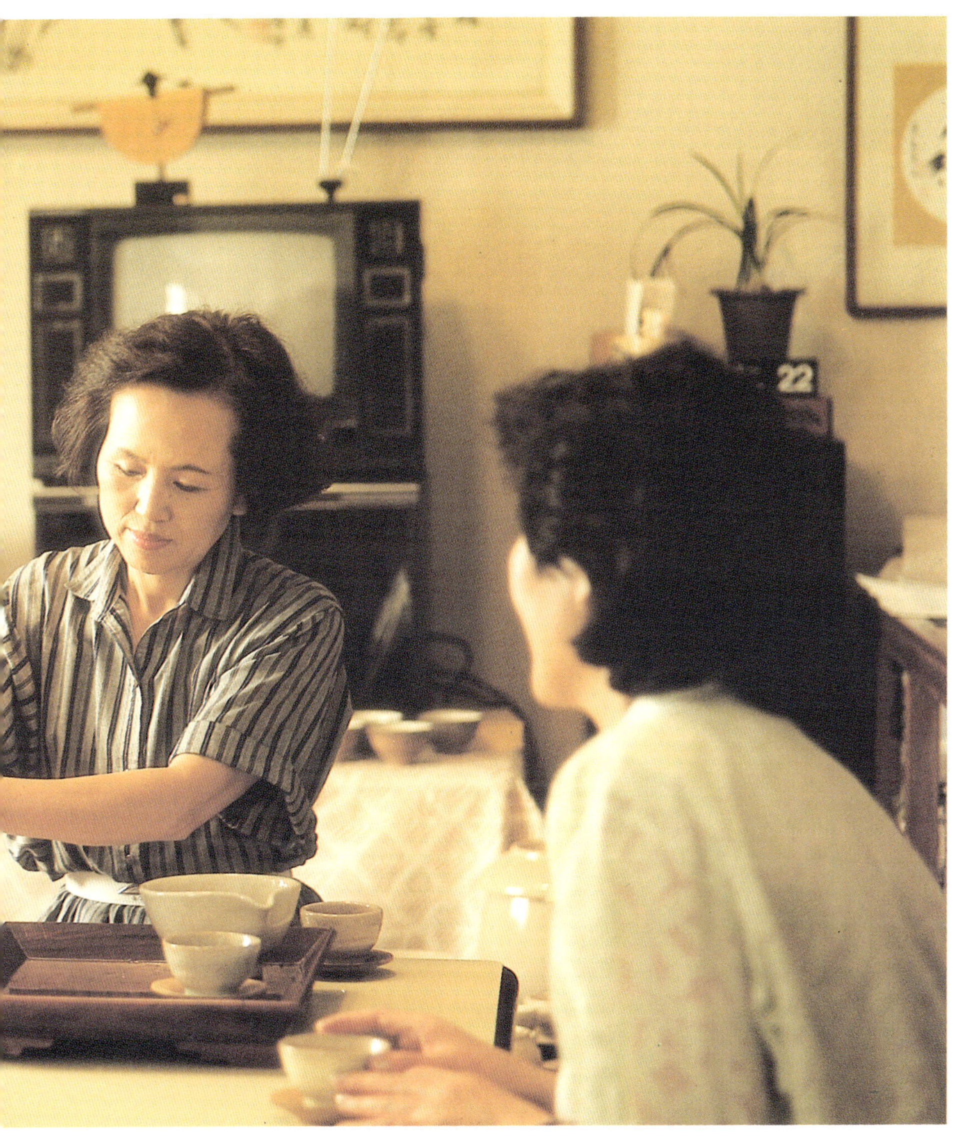
22

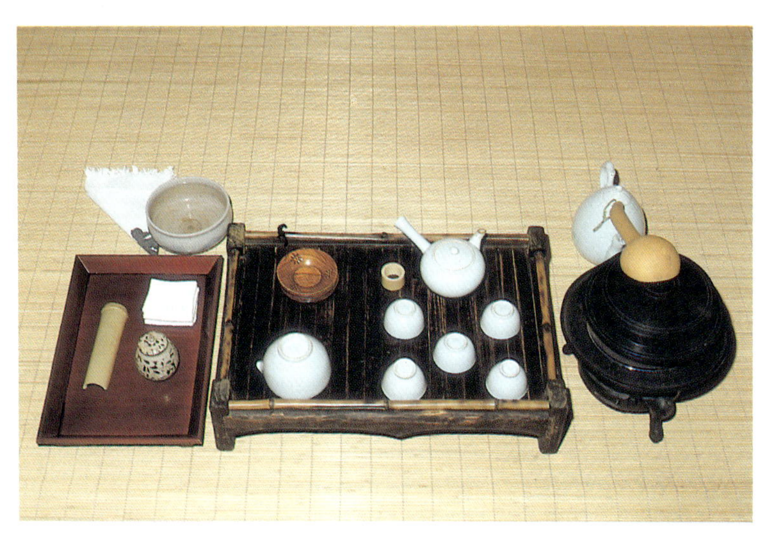

옛날 사람들은 차 생활에 필요한 다구를 스물여덟 가지로 정했다. 그리고 다구는 신성한 기물이라 하여 다람을 만들어 따로 보관하기도 했다. 그러나 현대 차 생활에서 이 스물여덟 가지를 모두 갖출 필요는 없다. 현대적인 차 도구들이 옛날 것보다 편리하고 다양하게 개발되어 있기 때문이다. (왼쪽)

차는 조금씩 음미하면서 마신다. (오른쪽)

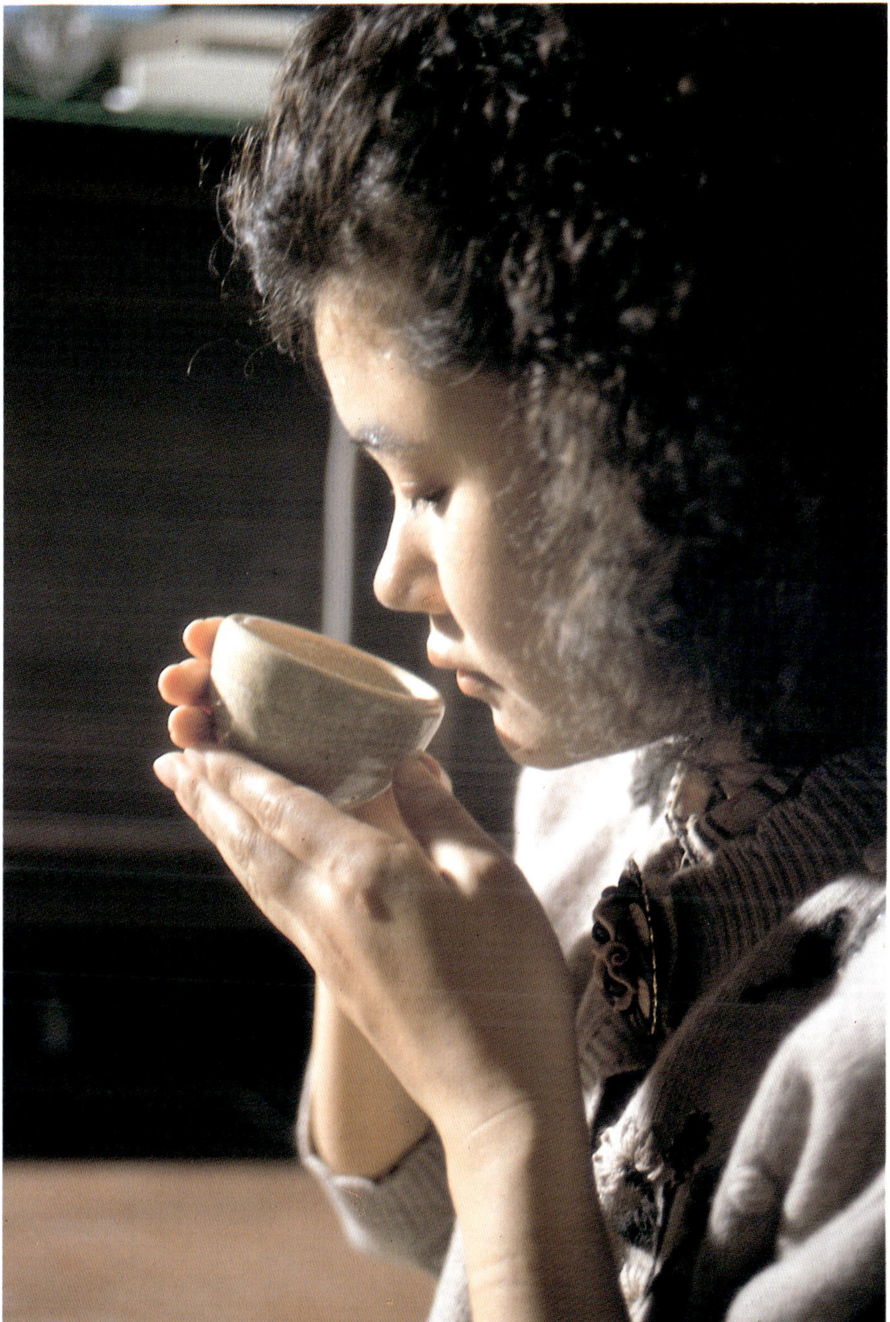

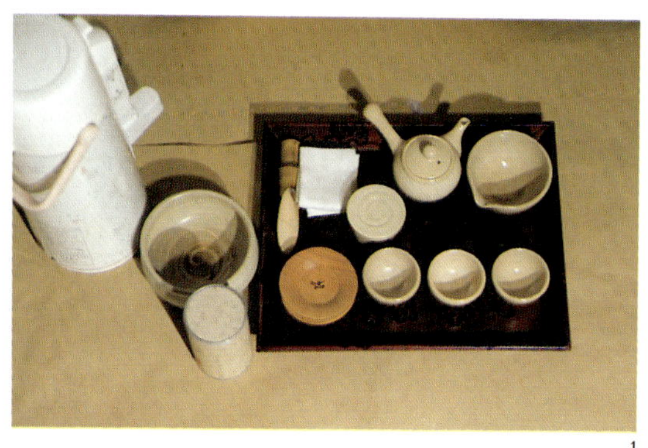

1

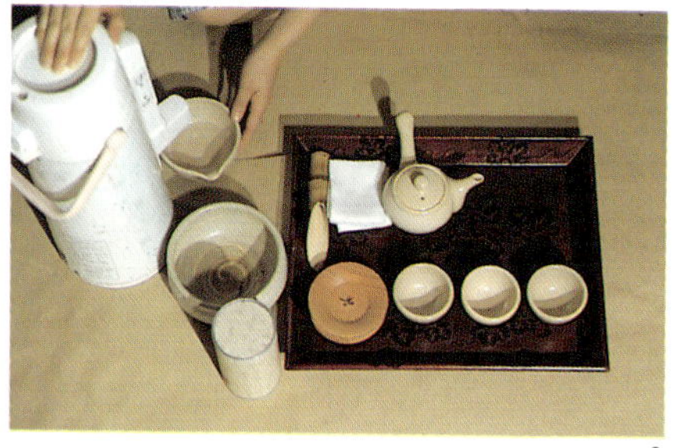

2

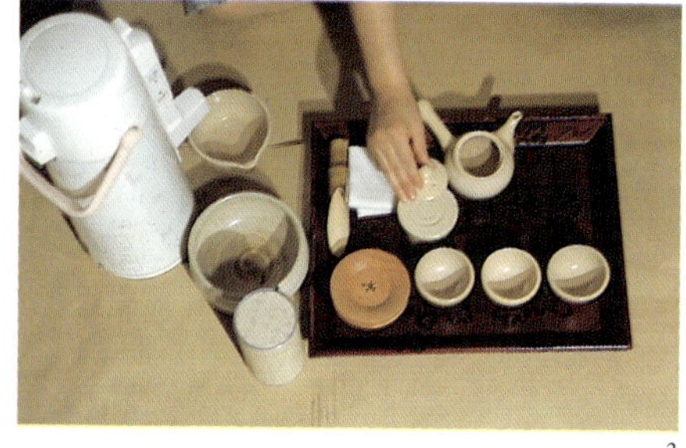

3

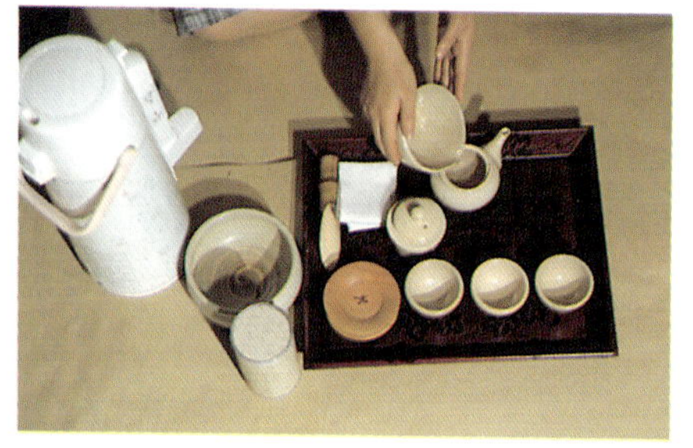

4

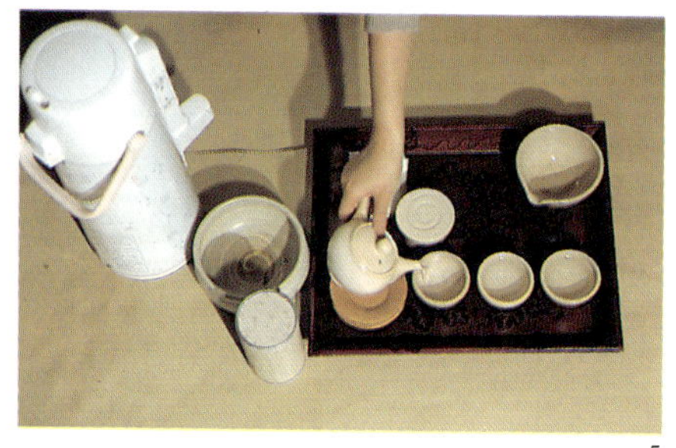

5

간편한 현대의 차 생활.
1 다구와 뜨거운 물을 준비한다. 2 귀때그릇(숙우)에 물을 담는다. 3 찻주전자의 뚜껑을 열어 뚜껑받침 위에 올려 놓는다. 4 예열을 주기 위해 귀때그릇의 물을 찻주전자에 붓는다. 5 찻주전자의 물을 찻잔에 붓는다. 역시 예열을 주기 위해서이다.

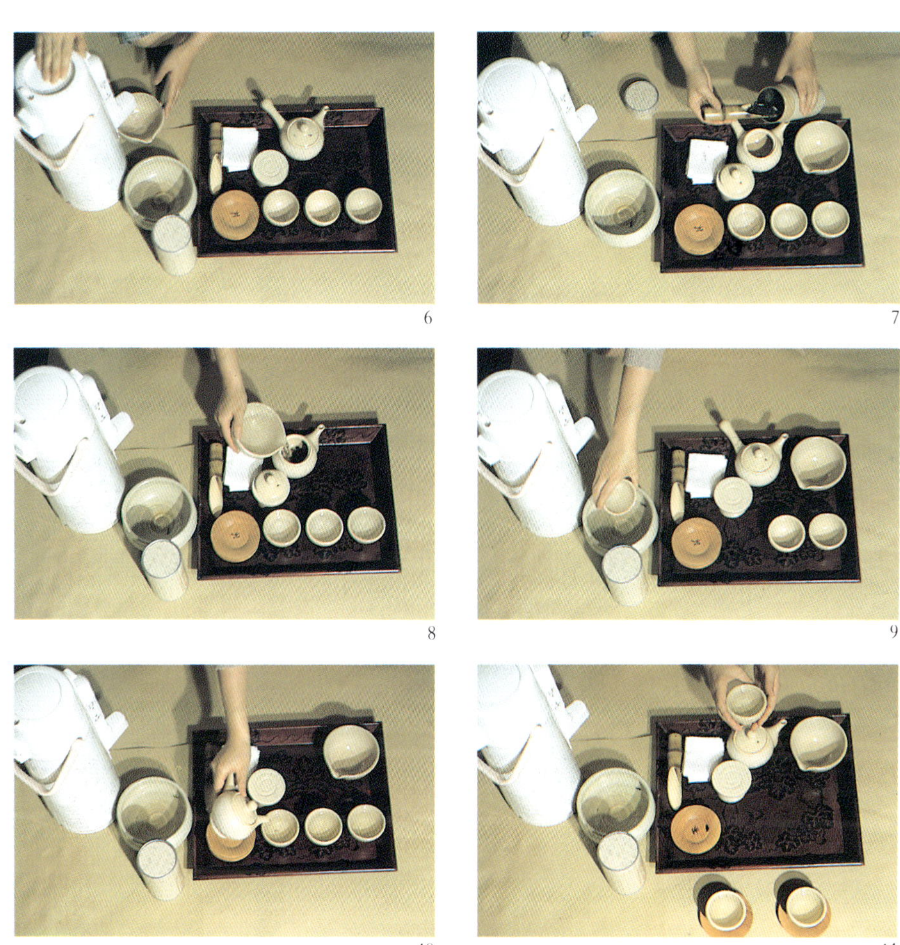

6 귀때그릇에 다시 물을 받아서 식힌다. 7 찻주전자에 차를 넣는다. 8 적당히 식은 귀때그릇의 물을 찻주전자에 붓고 우린다. 9 예열을 위해 찻잔에 부어 놓았던 물을 개수그릇에 붓는다. 10 차가 잘 우러났다고 생각되면 찻잔에 따른다. 11 찻잔을 받침 위에 얹어서 낸다.

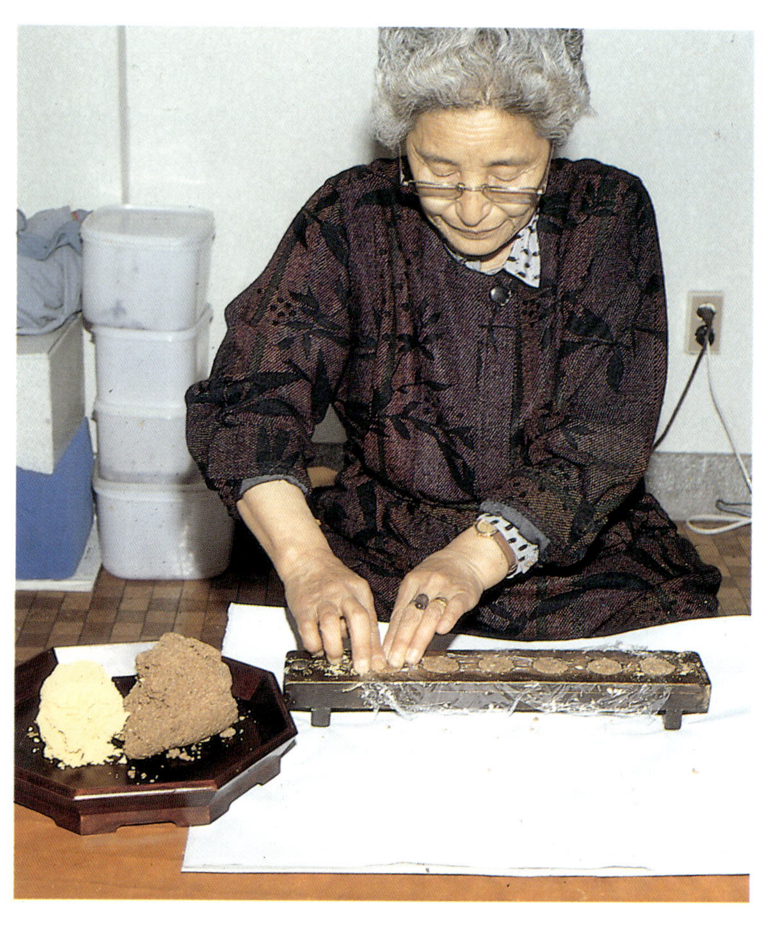

전통 기법으로 송화다식을 만드는 모습. (왼쪽)
소나무 꽃에서 얻은 꽃가루를 넣어 특이한 맛이 나는 송화다식이다. (오른쪽 위)
미싯가루로 만든 미말다식이다. (오른쪽 가운데)
검정깨다식으로 흑임자다식이라고도 한다. (오른쪽 아래)

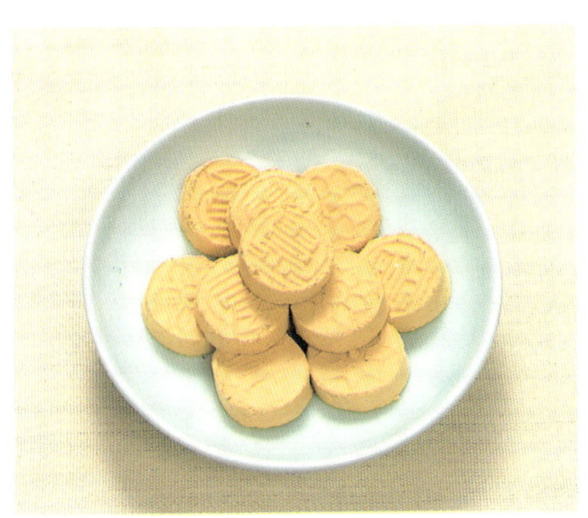

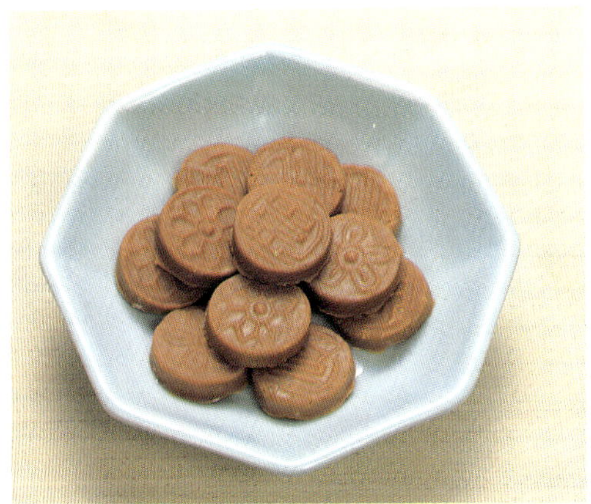

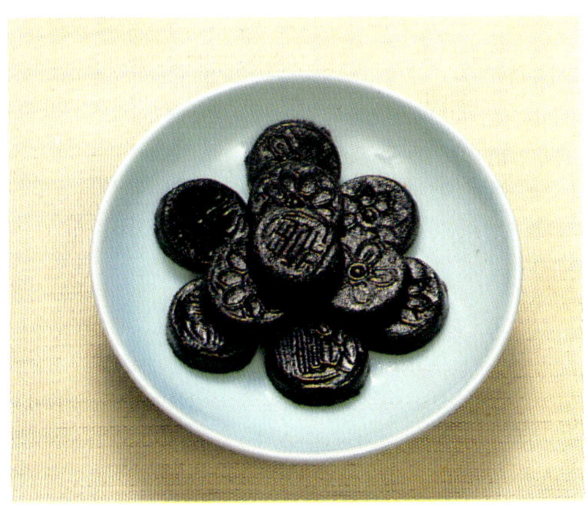

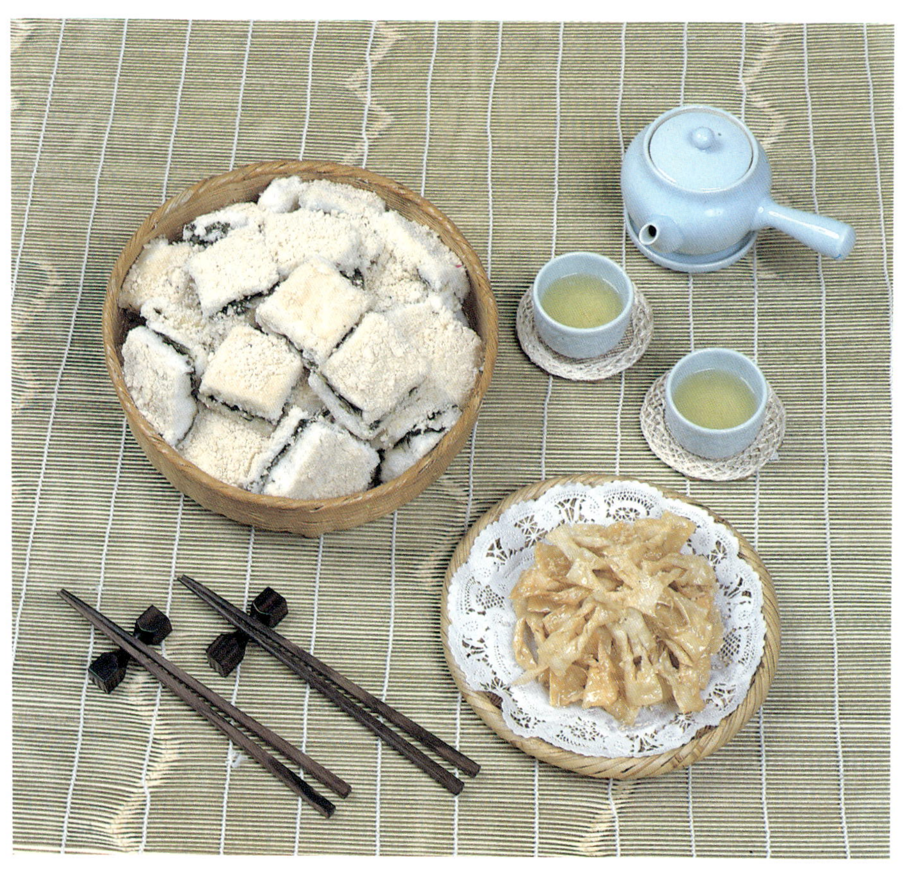

차와 어울리는 여러 가지 한과.

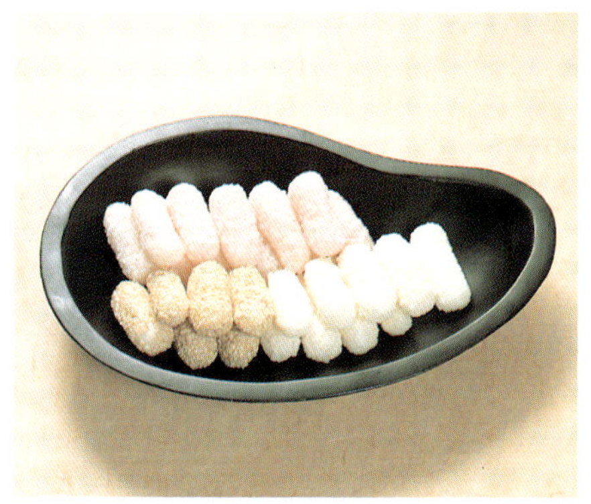

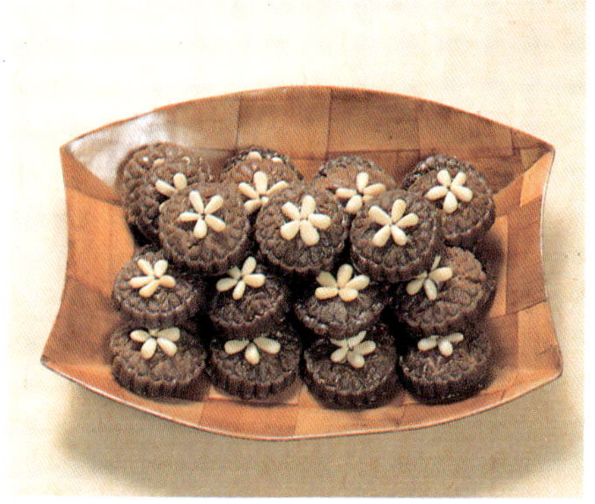

우리나라에서 최초로 차나무를 심었다는 지리산. 「삼국사기」'흥덕왕조'를 보면 신라 경덕왕 시절에 김대렴이 당에서 차종자를 가져와 지리산에 심었다는 기록이 있다. 차는 선덕왕 때부터 있었지만 이 때에 와서 성했다고 전한다.

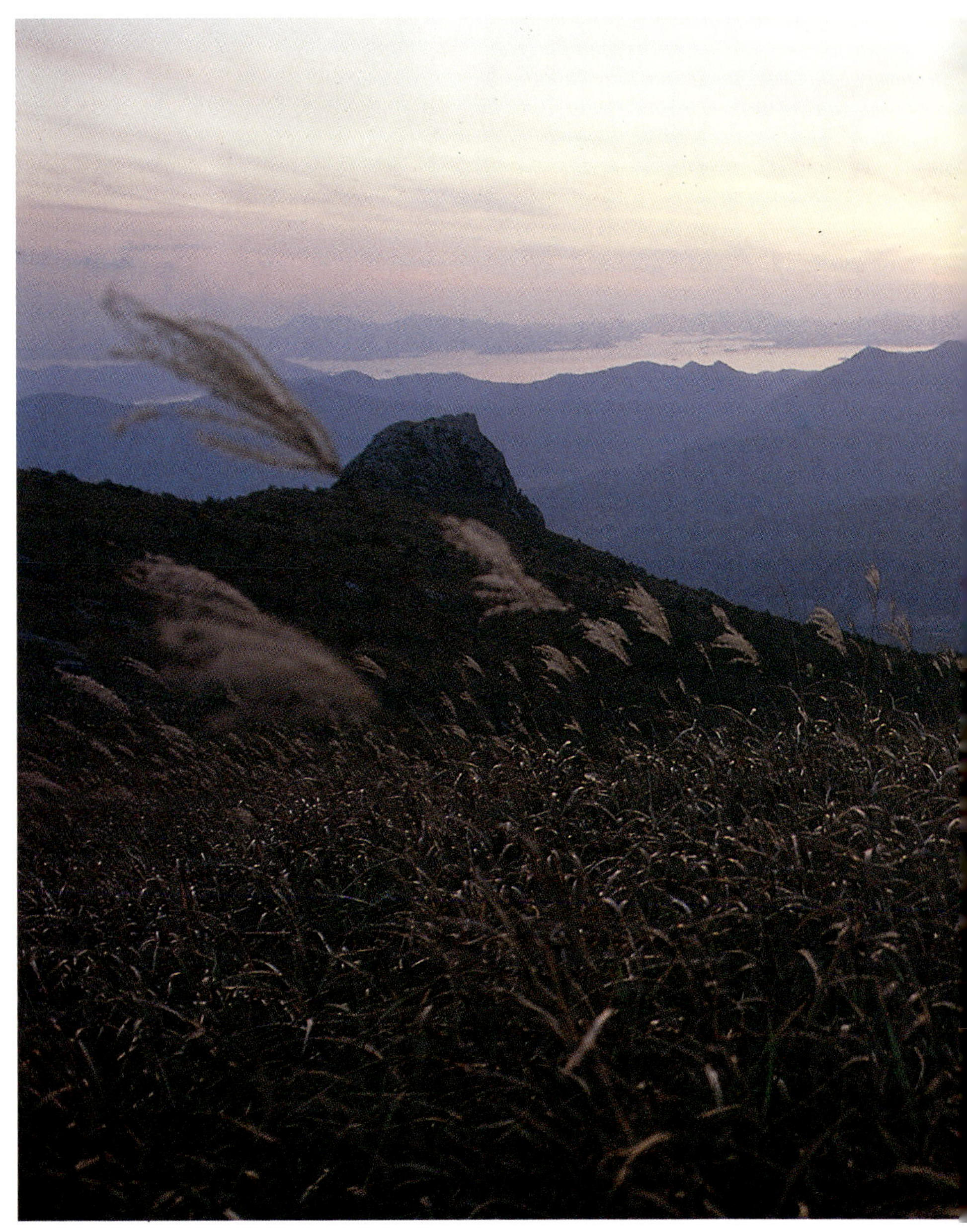

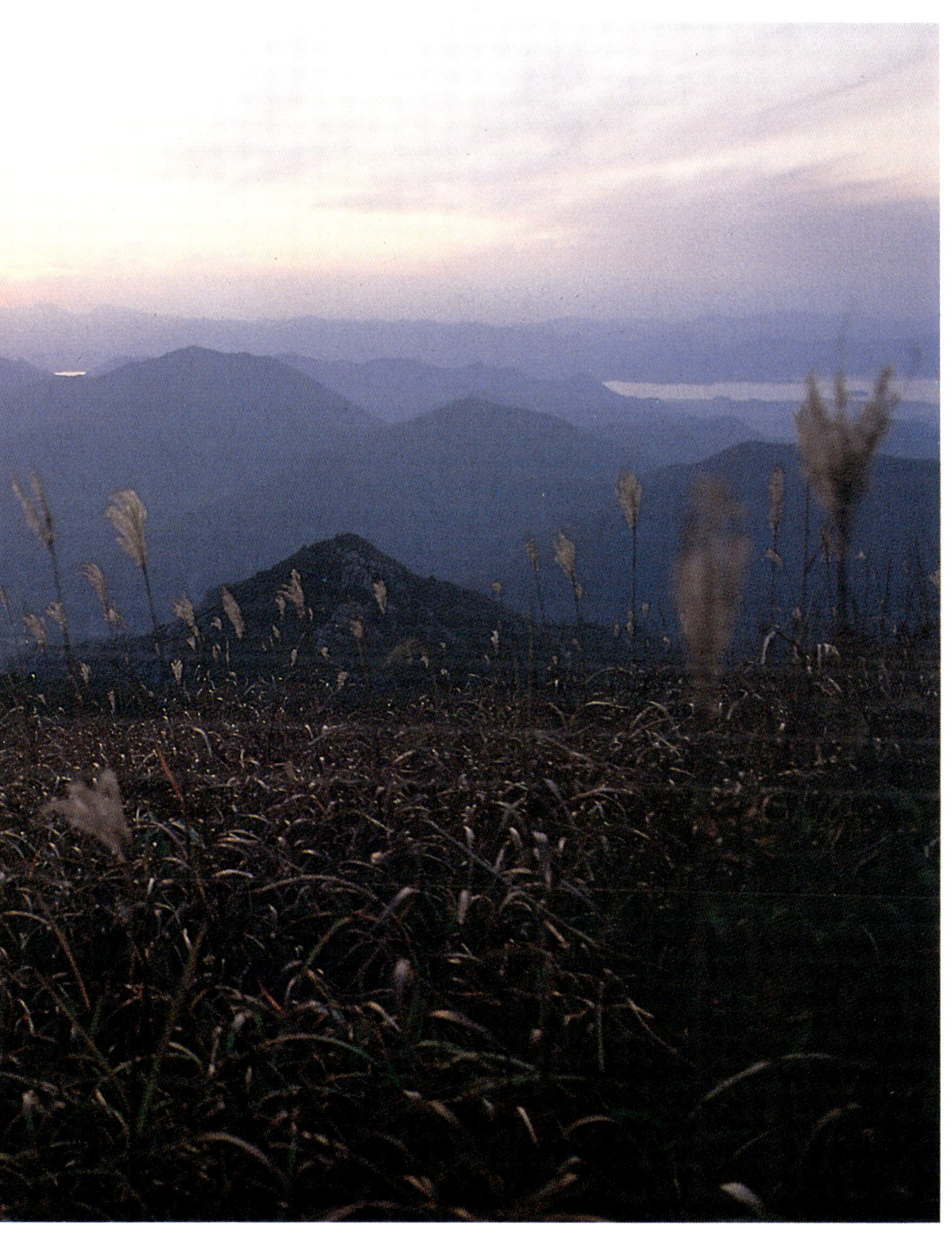

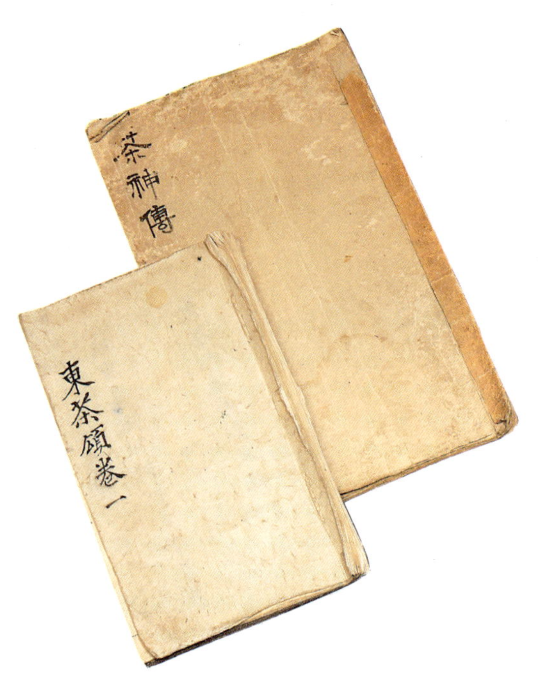


한국의 다성(茶聖)이라 일컫는 초의선사의 영정. (오른쪽)
초의선사가 지은 다서 「동다송」(東茶頌)과 「다신전」(茶神傳).
「동다송」은 차를 찬양하는 시의형식을 취하면서 우리나라 차의 우수성을 학문적으로 정리했다. 「다신전」은 「다경채요」를 초록한 것으로 다예의 입문서이다. (왼쪽)

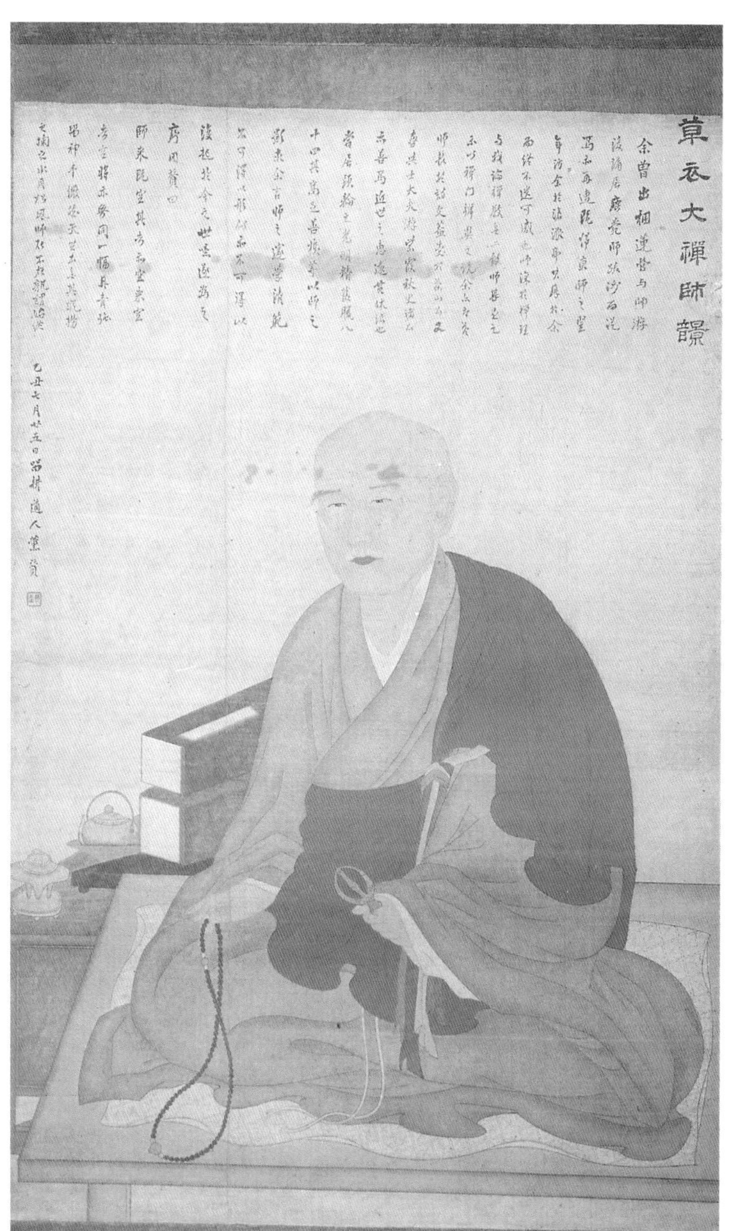

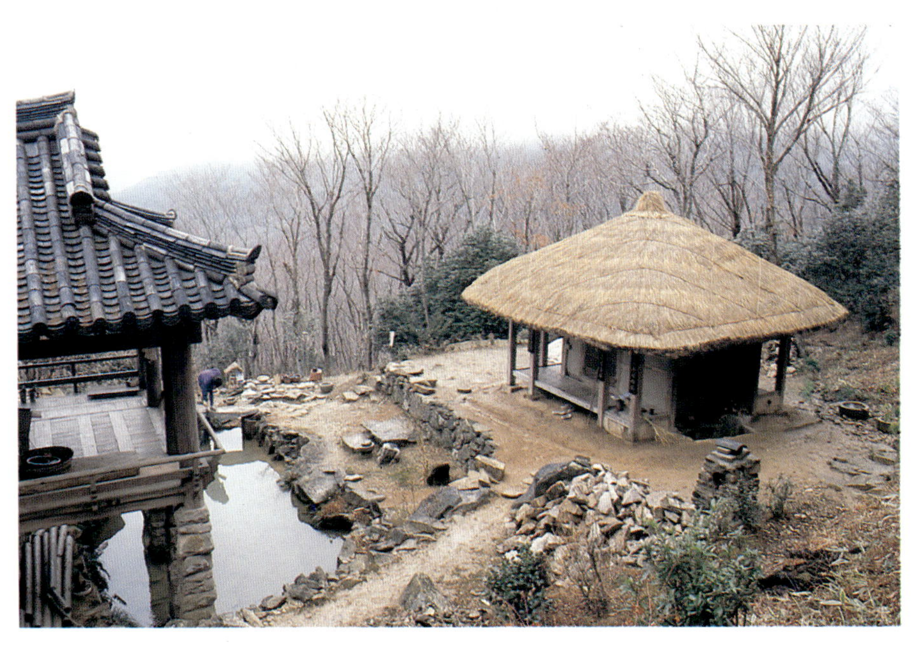

초의선사가 기거했던 차의 성지 두륜산 대흥사 경내의 일지암. (왼쪽)
다산초당. 동암 앞에는 차를 달이던 다조가 놓여 있다. (오른쪽 위)
전라남도 강진에 있는 만덕산의 백련사 대웅전. (오른쪽 아래)

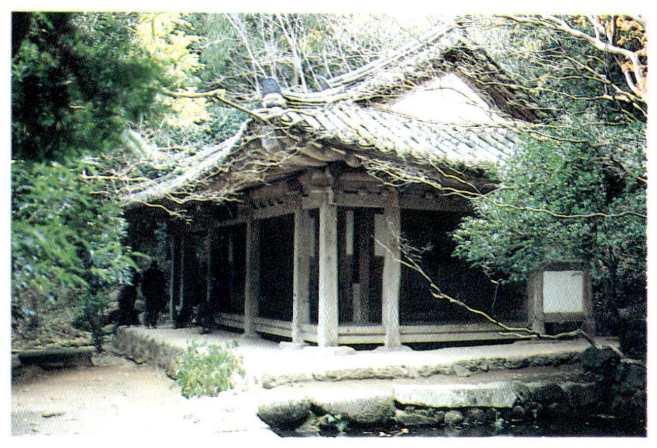

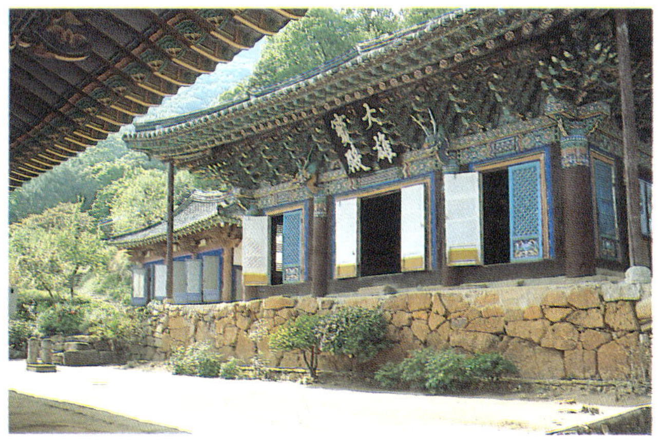
大雄寶殿

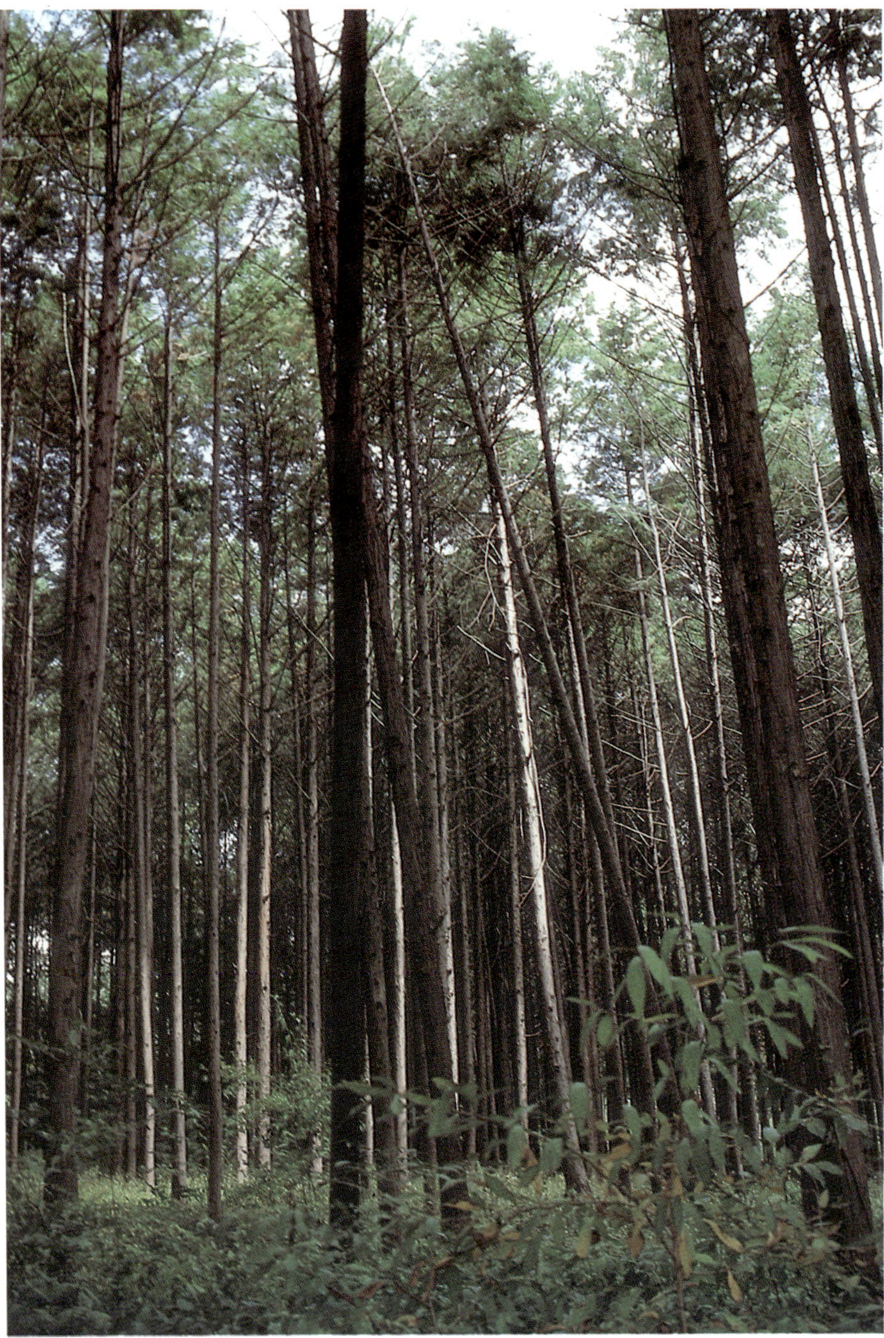

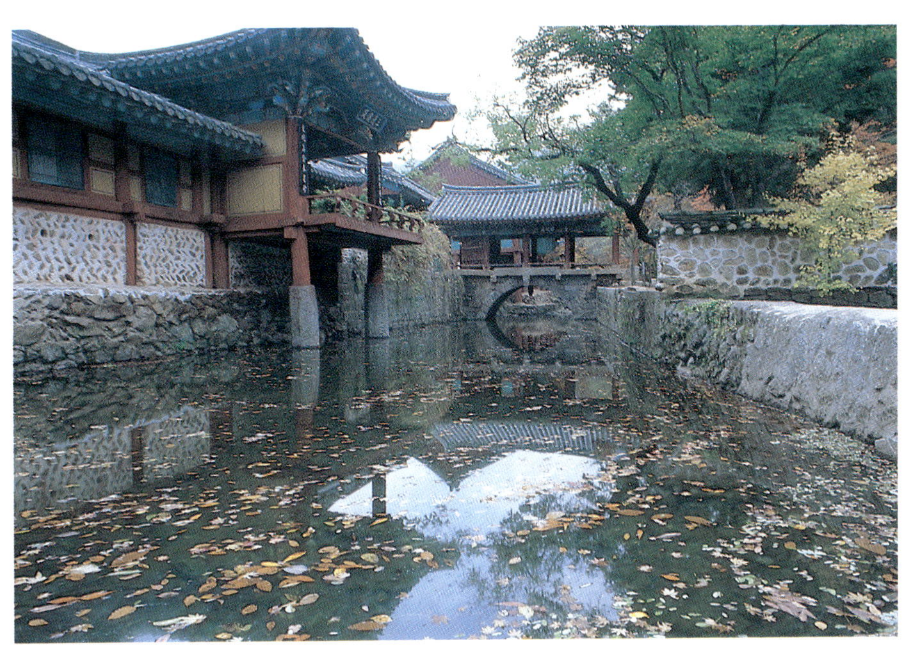

송광사 경내의 향나무림. 송광사 스님들은 이 향나무림 속에서 자란 차나무로 차를 만들어 마시는데 이 차를 죽로차라고 한다. (왼쪽)
송광사. (오른쪽)

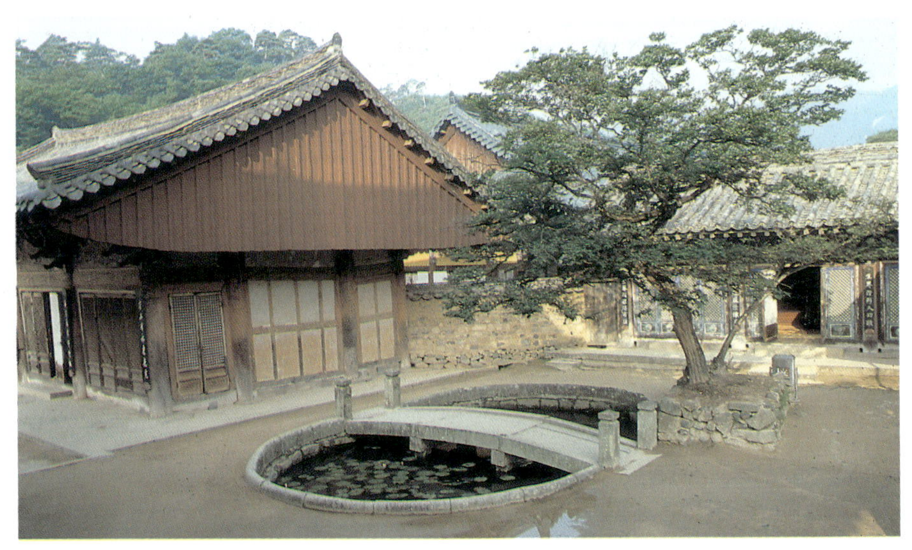

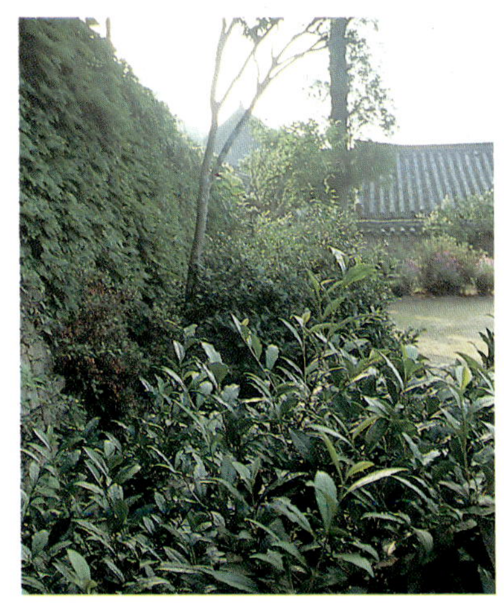

통도사 구룡지. (위)
기원을 알 수 없는 통도사 금강계단 안의 차나무로 전하는 말에 따르면 아유타국의 공주 허황옥이 가락국의 김수로왕에게 시집올 때 차나무 씨앗을 가져왔는데 이것을 김해 일대와 이곳에 심었다고 한다. (아래)

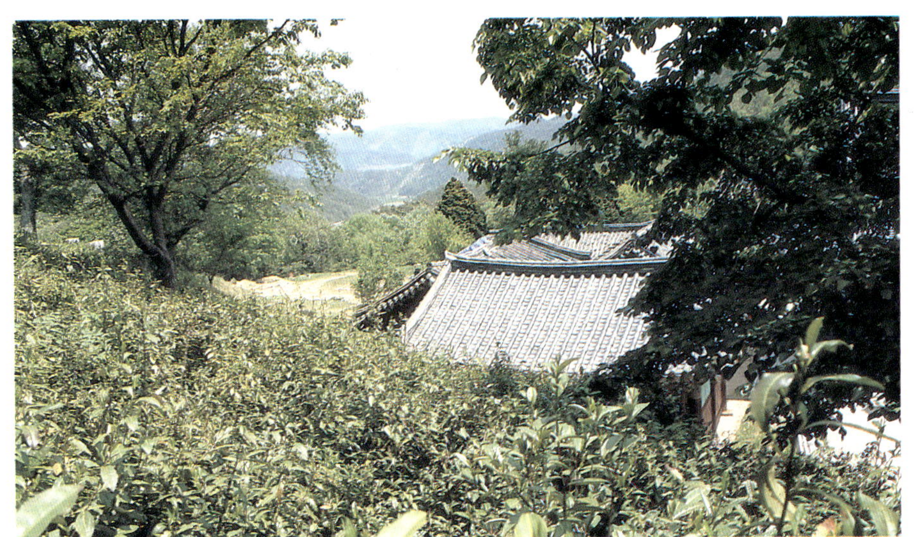

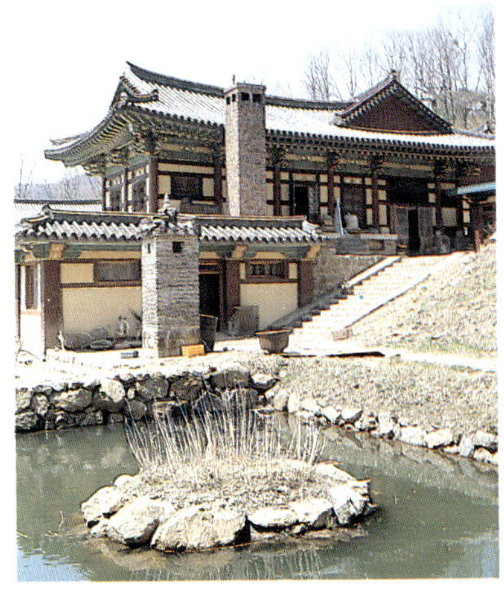

근대 차 문화 운동의 기수로 존경받는 효당 최범술 스님의 체취가 그대로 남아 있는 다솔사. 다솔사 뒤에 야생 차나무밭이 있다.(위)
김수로왕과 허 황후의 열 왕자 가운데에 일곱 왕자가 성불했다는 전설을 간직한 칠불암. 차 문화 유적지로 칠불암이 꼽히는 것은 초의선사가 이곳에서「다신전」을 완성한 뒤부터이다.(아래)

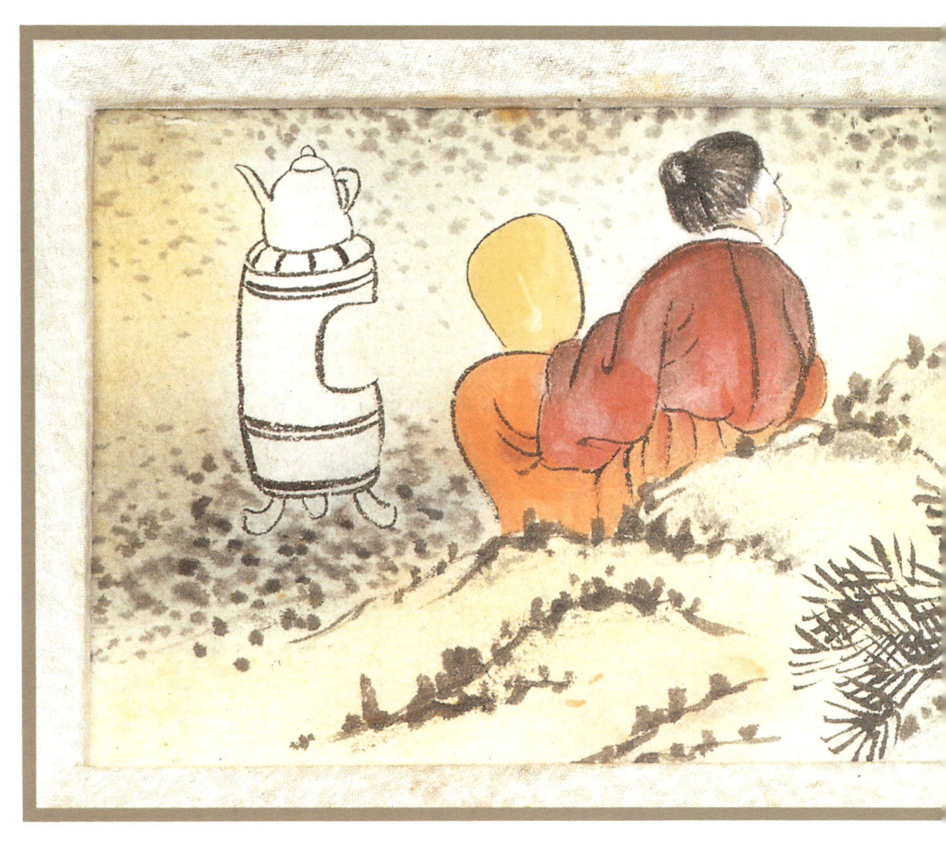

조선 시대의 다화로 동자가 차를 달이는 모습이다.

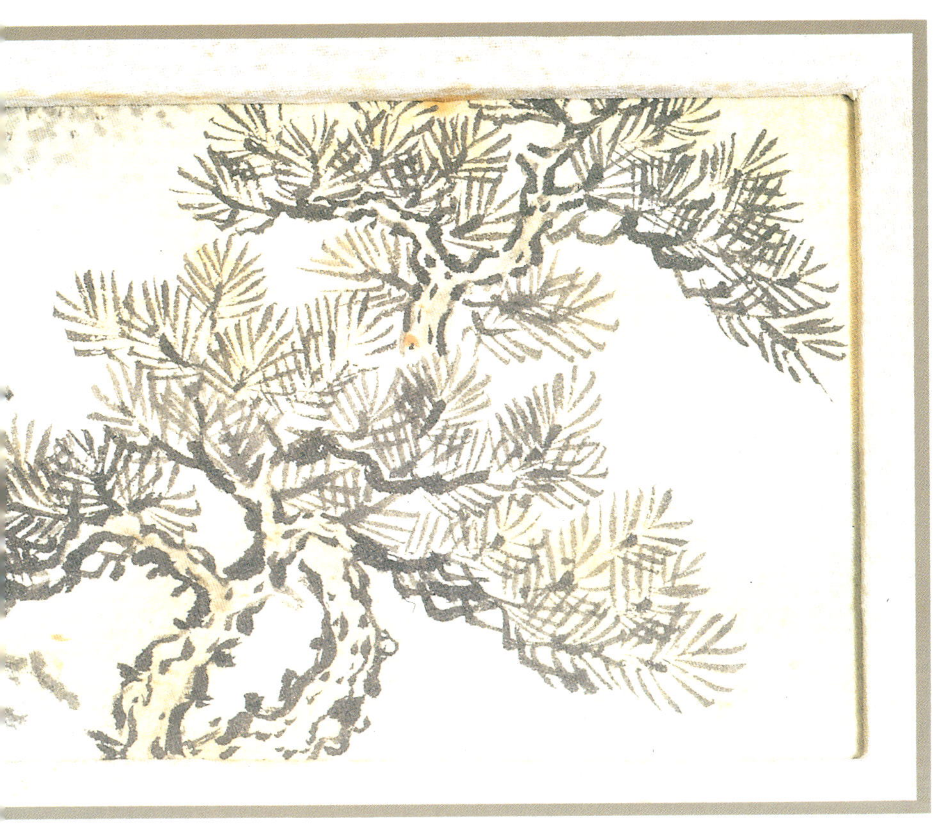

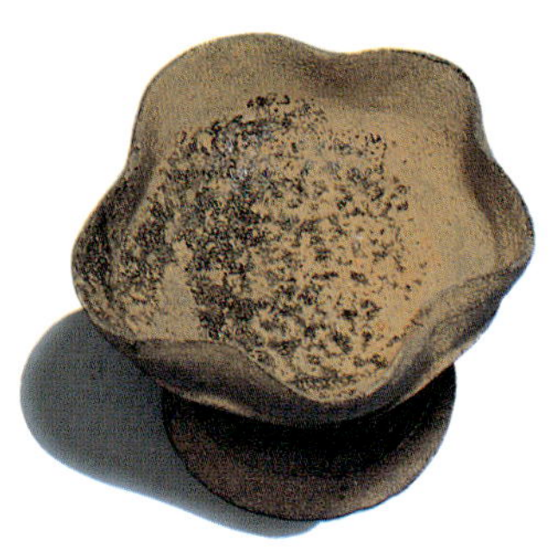

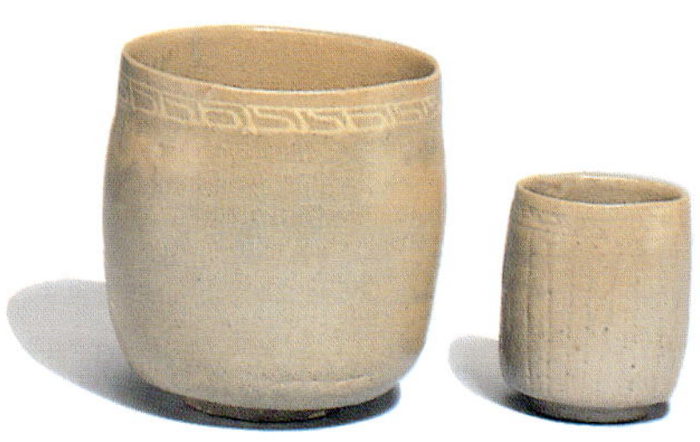

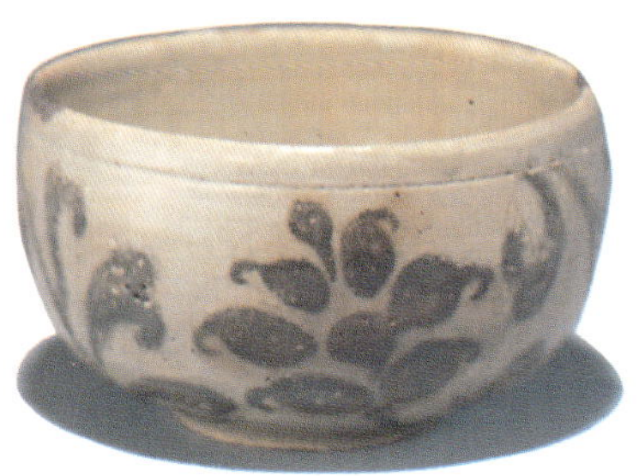

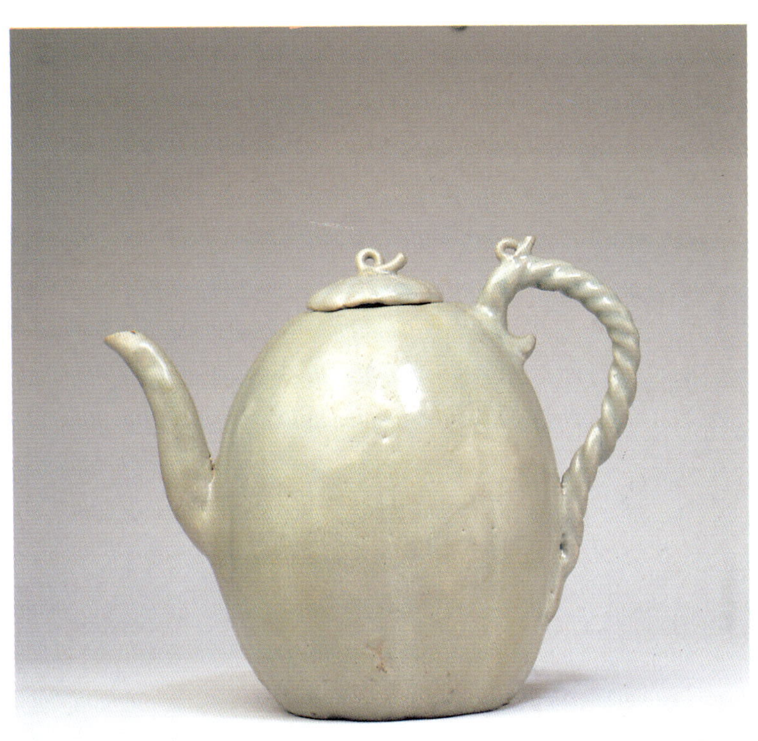

꽃잎 모양으로 조형미를 살린 가야 시대의 잔이다. 차를 마시기에 편리하게 되어 있다. 태평양박물관에 소장되어 있다. (왼쪽 위)
고려 시대의 청자 잔. 둘레의 선으로 분량을 잰다. (왼쪽 가운데)
고려 시대의 청자 잔으로 통완이라 부른다. (왼쪽 아래)
참외 모양의 주전자로 고려 시대 것이다. (오른쪽)

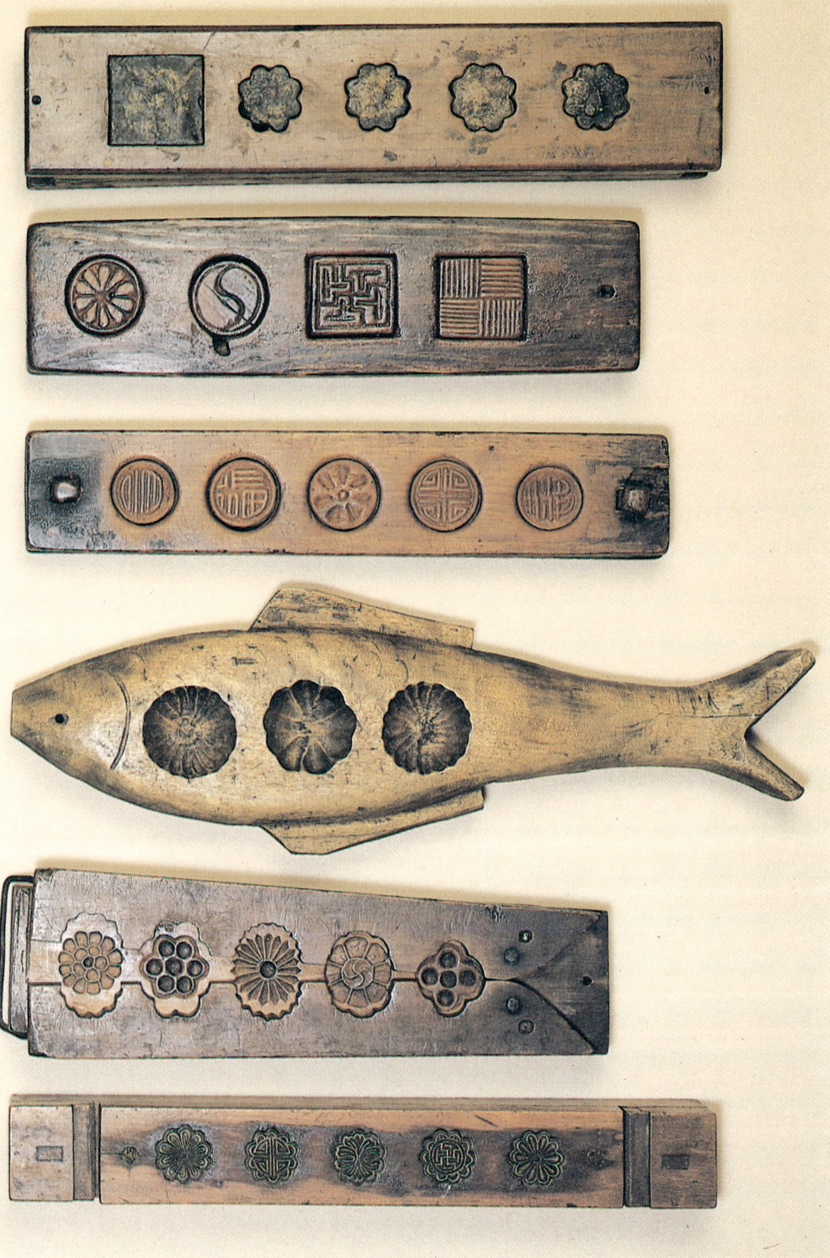

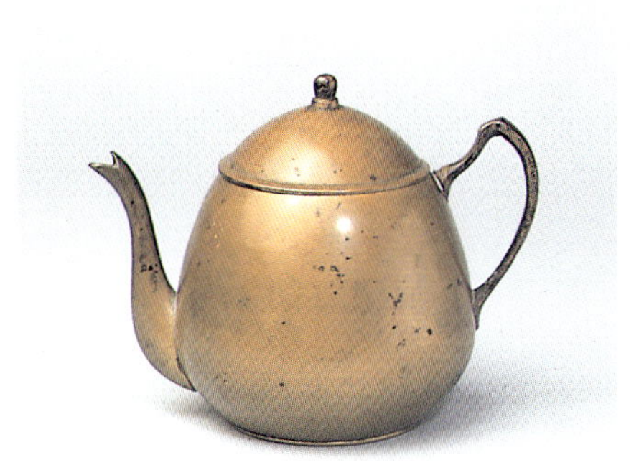

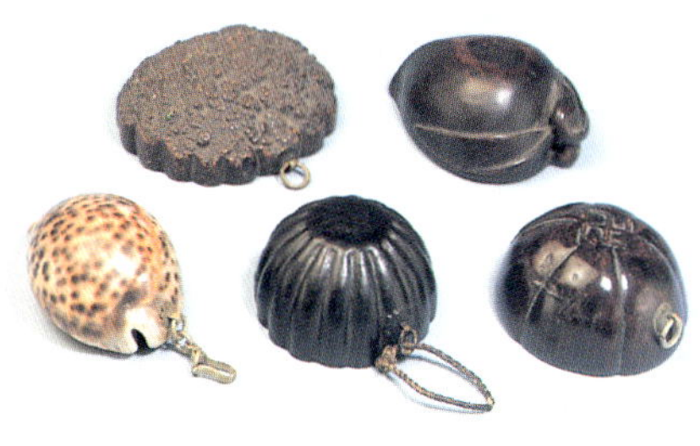

조선 시대의 다식판. 꿀, 송홧가루, 깨, 쌀가루 따위를 반죽하여 이 틀에 찍어서 무늬를 냈다. (왼쪽)
조선 시대의 놋다관이다. 그 시대의 뛰어난 금속 공예 기술이 엿보인다. 혼자 또는 두 명이 차를 마실 때 알맞은 소형 다관이다. (위 왼쪽)
조선 시대의 표주박들. 나무에 옻칠을 한 천도형 표주박과 꽃모양으로 조각을 한 다음 옻칠을 한 표주박 따위로 형태가 다양하다. (위 오른쪽)

# 다도

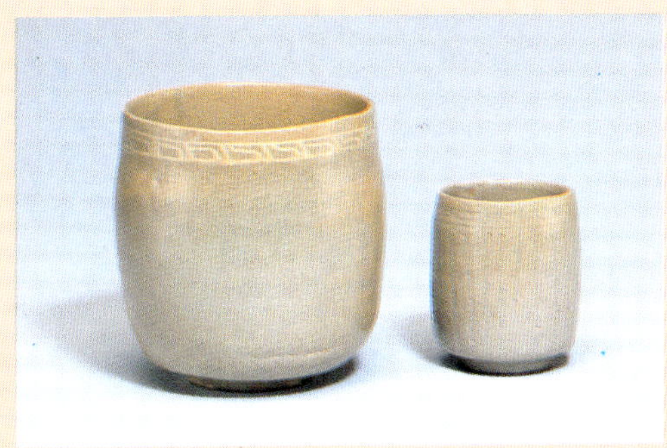

# 현대 생활과 차

문명의 발달은 현대인에게 쉽고 편한 삶을 많이 가르쳐 주었다. 사람들은 이해하기 복잡하거나 번거로운 것을 멀리 하고 음식이나 음료도 간편하고 깨끗한 것을 좋아하게 되었다.

'음식 맛은 손 맛'이라는 구수한 표현은 옛말이 되었다. 그런 말들은 '모양 좋고, 보기 좋고, 깨끗하고, 영양가가 높아야 한다'는 위생적이고 과학적인 사고 방식에 저만큼 밀려나게 되었다.

다분히 서양 문물의 영향에서 비롯된 이와 같은 생각 때문에 우리의 음료에 대한 기호도 많이 달라졌다. 커피를 일상의 필수 음료로 하는 사람의 수가 늘었고 자극적인 맛을 좋아하는 경향이 나타났다. 이것은 모두 담백한 맛이 체질에 맞는 한국인들이 오히려 담백한 녹차를 멀리한 때문이 아닌가 생각된다.

알고 보면 녹차는 커피처럼 크림이나 설탕이 필요없으니 간편하고 술처럼 몸에 해롭지도 않다. 영양도 감미도 애초에 풍부하게 담겨져 있다. 해독의 효능도 있고 마신 뒤의 여운도 좋아 기분의 상쾌함이나 위의 편안함은 견줄 데가 없다. 차가 위로는 머리를 맑게 하고 아래로 소화를 돕기 때문이다.

현대인과 차의 아름다운 조화는 이러한 차의 좋은 점을 일상 생활 속에서 재발견함으로써 시작될 수 있다.

차가 좋다는 것을 쉽게 이해하는 데에는 그것이 인류 역사에서 가장 오랜 기호 음료라는 한마디로 충분하다. 인간이 차를 마신 기원에 대해서는 여러 견해가 있으나 기원전 2700년쯤 염제 신농씨(炎帝神農氏)부터라는 이야기가 지배적이다. 사람들은 그 때부터 차를 마셔왔고 지금도 마시고 있는데 이것은 실제로 차가 우리에게 이로움을 주기 때문이다. 그렇지 않다면 음차(飮茶) 풍습은 한 시대 유행에 그쳤을 것이다.

한동안 우리는 차 생활을 잊고 지내왔다. 차뿐 아니라 훌륭한 문화유산을 대부분 잊고 지내왔다. 특히 근세에 와서는 가난을 벗어나는 일에만 온통 정열을 쏟아부었다. 그러나 이제 어느 정도 여유를 누리게 되니 한동안 덮어 두었던 문화에 대한 향수가 피어났다.

그러나 차 문화만 해도 어디에서부터 그 끊어진 맥을 찾아야 할지 막연하다. 사찰에서 그 맥을 찾자니 너무 불교 냄새가 나서 현대와 같은 자유 종교 시대에 자칫 대중성을 잃을 우려가 있고, 그렇다고 식품학자들에게 의존하자니 차를 영양 음료로만 규정할 뿐 문화를 찾기 어렵다.

그러나 분명한 것은 중국 사람들이 예나 지금이나 차를 일상 음료로 하고 있고 일본 사람들도 다도(茶道)를 일본 문화의 상징으로 표방하고 있는 것으로 보아 같은 핵심 문화권에 속하는 우리나라도 나름대로 차의 예속(禮俗)이 있었을 것임이 분명하다. 차 생활의 이모저모를 재조명해 볼 때 차 마시는 일을 중요한 문화 현상으로 인식하는 일이 무엇보다 시급할 것이다.

차는 담백하여 처음 마시는 이들에게 어떤 자극을 주지는 못한다. 그러나 조용히 음미하다 보면 다섯 가지 맛을 느낄 수 있다. 쓰고(苦), 떫고(澁), 시고(酸), 짜고(鹽), 단(甘) 오미(五味)이다. 이 중에 가장 먼저 닿는 맛은 쓴맛이고 오래 입안에 남는 맛은 단맛이다.

이 다섯 가지의 맛은 차의 성분에서 나오는데 처음 마실 때에는 약간 쓴 듯한 것이 차츰 입안을 상쾌하게 하면서 머리를 맑게 하여 준다.

차의 오미는 흔히 인생에 견주어진다. 유난히 '오'자를 성스럽게 보는 민족 사상과 결부되는 말이긴 하지만 오미란 곧 삶의 느낌과 같은 것이다. 차를 마심으로써 오미를 자기 안에서 서서히 하나의 향기로 승화시키는 일은 참으로 지혜로워지는 훈련이 된다.

차 생활은 또 우리를 심오한 사색의 숲으로 인도한다. 도(道)와 통하고 자연과 하나가 되며 예(禮)에 이르게 한다.

차 생활의 그 멋은 오랜 경험을 통해서만 도달할 수 있다. 오랜 차 생활을 통해 자세가 바르게 되고, 또한 사기(邪氣) 없는 정성을 다할 수 있을 때에만 가능하다. 자세가 바르지 못하고 정성이 담기지 않으면 차의 좋은 맛을 느끼기 어렵다.

차 생활은 손님을 맞았을 때 직접 차를 내는 일로부터 시작된다. 주인이 손수 차를 내는 것을 너무 어렵게 받아들이면 그것은 잘못이다. 간편하고 실용적인 것이 현대의 특징이라면 차 생활도 그렇게 행하고 받아들이면 된다. 담백한 차를 마시며 이야기를 나누다 보면 분위기는 저절로 온화해진다. 차를 내는 과정의 반복에서 얻어지는 침착성이나 정서적 풍요는 차석에 둘러 앉은 모두의 것이다. 당신이 내는 차는 놀랍게 빠른 속도로 메마른 현대 사회를 적셔 줄 것이다.

# 우리 차의 향기

한국의 다성(茶聖) 초의선사는 「동다송」(東茶頌)에서 "중국 육안(陸安)의 차는 맛으로 월등하고 몽정산(夢頂山)의 차는 약효가 높다. 그런데 우리나라의 차는 그 두 가지를 겸비하였다"고 했다. 만약 이찬황(李贊皇)이나 육우(陸羽)와 같이 뛰어난 다인이 함께 있다면 그들은 반드시 견해를 같이 할 것이라고도 했다.

근세에 와서 차 생활의 습속은 중국이나 일본에 견주어 많이 잊혀진 편이지만 고사를 들여다보면 적어도 고려 시대까지 우리 역사는 차의 향기로 가득하다.

거리에는 일반 백성들이 언제든지 이용할 수 있는 다점(茶店)이 있었고 차는 상품으로 널리 유통될 만큼 보편적인 기호품이었다. 상류 계층의 주거 공간에는 다정(茶亭)이 있었다. 나라에는 다방(茶房)이 있어 차와 관련된 일을 맡아 보았다. 봄의 연등회나 가을의 팔관회 같은 중요한 국가 행사에는 차를 올리는 의식을 꼭 곁들였다. 고려인들에게 차는 일상다반사(日常茶飯事)였는데, 그 때 고려인들의 차 생활이 아마도 지금 중국인들의 풍습과 같지 않았나 생각된다.

우리 차의 향기가 어떠했는가를 알려면 고려 시대의 다풍(茶風)을 살펴보면 알 수 있다.

문화 현상이란 한 곳에 고정되는 것이 아니므로 고려 시대에 화려한 꽃을 피웠던 차 문화가 오늘날까지 그대로 유지되어 있어야만 관심을 가질 수 있다고 생각하는 것은 잘못이다. 대륙에서 핀 하나의 문화가 반도를 지나 섬으로 건너갔다면 대륙의 꽃이 시들 즈음 반도에서 피어날 수도 있고, 반도에서 시들해질 즈음 다시 섬에서 활짝 피어날 수도 있다. 또 기후나 풍토나 민족성에 따라 오래 필 수도 있고 잠깐 피었다가 사라질 수도 있다. 다만 중요한 것은 문화의 '근원 상징'까지 변할 수 없다는 인식이다. 계절에 따라 변화해 가는 식물들에게도 변하지 않는 씨앗과 같은 부분이 있듯이 우리에겐 우리 문화의 근원 상징 같은 것이 있음을 알아야 한다. 겉모습이야 어떻게 변화하거나 근원이 소멸하지 않는 한 그 민족의 문화는 언제고 다시 피어나고 때를 만나면 다시 화려한 꽃을 피울 수 있다. 차는 우리 민족에게 이러한 근원 상징에 해당된다.

차 문화의 꽃이 찬란했던 신라와 고려 시대에 우리는 지금의 세계가 격찬하는 많은 문화 예술의 업적을 이룩했다. 시인 묵객들은 저마다 차를 노래했고 도공들은 비취빛 청자에 예술혼을 바쳤으며 이웃나라들은 우리나라를 일컬어 군자의 나라 동방예의지국이라 칭송했다. 신라, 고려를 뒤덮은 차의 향기는 그 자체가 문화 예술의 향기이자 인품의 향기였던 것이다. 온 나라 백성이 차를 노래하며 차 생활로써 즐겁고 윤택하게 살아갔다.

"문 두드리는 소리에 놀라 돌아보니
옥과보다 좋은 신선한 차
보내왔네.
맑은 향기는 한식 전에 따서 그런가
고운 빛깔은 숲속의 이슬을 품었네.
돌솥에 물 끓는 소리 솔바람 소리인 양

자기 잔에 도는 무늬 꽃망울을 토한다."

이것은 이제현(李齊賢)의 노래이다.

또 이연종(李衍宗)의 시를 보면 고려의 다풍이 우리 가슴을 설레게 한다.

"소년 시절 영남의 절간에서 손님되어
명전, 신선놀이 여러 번 참여했지.
용암(龍巖) 봉산(鳳山) 기슭 죽림에서 스님 따라 매부리 같은
찻잎을 땄었지.
한식 전에 만든 차가 제일 좋다는데
용천봉정(龍泉鳳井)의 물까지 있음에랴.
사미승 시원스런 삼매의 손길
찻잔 속에 설유를 쉬지 않고 넣었지.
돌아와선 벼슬 따라 풍진 세상 치달리며
세상살이 남북으로 두루 맛보았지.
이제 늙어 한가한 방에 누웠거니
쓸데없이 분주함은 나의 일 아니로다.
양락(羊酪)도 순갱(蓴羹)도 생각 없고
호화로운 집 풍류 또한 부럽지 않다네.
한낮의 죽창엔 차 끓이는 연기 피어오르고
낮잠에서 깨어 나면 한 잔 차 간절하다
남녘에서 차 달이던 일 추억하기 몇 차례
산중의 친구는 소식조차 없구나.
어찌 당시의 경상(卿相)들이야
소원한 사람 기억하고 하사품 나누어 주랴.
치암상국은 홀로 잊지 않으시고
좋은 신차 초당으로 보내 주었네.

봉합 열어 자용향(紫茸香) 살필 틈도 없이
종이에 배어든 품격 이미 코에 와닿네.
차의 고아한 품격 다칠세라 염려하면서
타는 불에 끓이기를 손수 시험하며
차솥에서 불어오는 솨솨 솔바람 소리
그 소리만 들어도 마음 맑아지네.
찻잔 가득 피어나는 짙은 그 맛
마셔 보니 시원하여 골수를 바꾸는 듯하구나.
남쪽에서 놀던 그 시절은 동몽(童蒙)이었기에
차 마셔 깊은 경지 이르는 것 몰랐었지.
이제야 공의 선물로 인연하여
통령했소이다, 옥천자와 같이
때때로 두 겨드랑이 바람을 타고
봉래산 상봉으로 날아 올라가
서왕모의 자하상 한번 기울여
인간 세상 묵은 때 말끔히 씻고
구전진금단(九轉眞金丹) 가지고 와
공의 진중한 그 뜻 보답하고 싶구료."

마시자 신선이 된 기분이라고 한 이연종의 시 속에는 이미 그 때에 좋은 차 달이기를 겨루는 풍습이 성행했음을 말해 주고 차를 음미함으로써 한껏 멋을 즐겼던 사실을 확인하게 한다.

차는 불교를 더욱 빛나게 했고 문화 예술과 민족의 인품을 향상시켰다. 덕있는 군주나 고매한 학자들은 다인이라 일컬음 받는 것을 귀하게 여겨 명정에까지 기록되기를 바랐다.

이렇듯 융성했던 차 문화가 언제 어떻게 급격히 쇠퇴했는지 많은 의문이 간다. 고려의 다풍이 사라진 뒤에 중국과 일본에서는 서민용

찻집이 생겨나기 시작했다. 차 문화는 그로부터 우리나라에서는 쇠퇴일로였고 중국과 일본에서는 점차로 발전하였다. 신라, 고려 시대에 나라를 융성하게 했고 민족을 빛나게 했던 차의 향기는 이웃으로 건너가 새로운 꽃봉오리를 열게 하면서 이 땅에서는 잠을 잔 것이다. 그러나 근원 상징으로서의 차마저 소멸된 것은 아니었다.

차 문화가 쇠퇴일로를 걸었던 조선 시대에 다산 정약용, 추사 김정희 같은 훌륭한 다인이 있어 음다흥음주망(飮茶興飮酒亡)을 외쳤고 초의선사 같은 이가 「동다송」과 「다신전」(茶神傳)을 남긴 것이 우연일 수만은 없다. 다산이나 초의에 의한 차의 재발견은 어쩌면 차 문화가 거대한 주기를 타고 다시 찾아와 이 땅에서 꽃 필 것을 암시한 것일지도 모른다.

# 차 우리기

차가 아무리 문화 요소이고 효능이 뛰어난 음료일지라도 우선은 입에 맞아야 한다. 그러자면 차를 맛있게 우리는 방법을 익혀야 한다. 색과 향과 맛을 합한 것이 차의 맛이라면 세 가지가 다 풍부하도록 차를 우려야 한다. 흔히 중국은 향기를, 일본은 빛깔을, 한국은 맛을 중시한다는 견해가 있는데 이는 우리나라 차의 우수함을 상식적으로 대변해 주는 좋은 말이다. 향기는 좋아도 마시지 못할 것이 있고, 빛깔은 훌륭해도 향기나 맛이 얼마든지 부족할 수 있지만 뛰어난 맛이란 향기와 빛깔을 반드시 동반하기 때문이다. 좋은 차 맛을 얻으려면 무색, 무취의 좋은 물이 있어야 한다. 그리고 진실되며 소박하고 성실한 자세가 선행되어야 한다.

## 다구(茶具)의 준비

다구를 차 마실 때에만 꺼내서 사용하는 기물로 생각하는 것은 바람직하지 않다. 응접실이나 서재나 사무실의 한 공간에 언제든지 물만 준비하면 차를 마실 수 있게 늘 비치해 놓는 것이 좋다. 물도 한

자리에서 끓일 수 있게 전열 기구까지 준비해 놓으면 금상첨화일 것이다.

다기(茶器) 한 벌은 보통 찻주전자, 귀때그릇, 찻잔 다섯 개, 찻잔 받침, 개수그릇 한 개로 되어 있다. 이것은 찻잔 다섯 개가 말해 주듯 5인용이다. 요즈음에는 1인용이 개발되어 널리 애용되고, 3인용과 2인용 부부 다기도 있지만 그래도 5인용이 가장 흔하다.

특별히 다기를 모으는 사람이 아니라면 그렇게 구분하여 꼭 별로 갖출 필요는 없고 혼자 마실 때나 둘이 마실 때를 대비하여 찻주전자만 작은 것을 갖추면 된다. 둘이 차를 마실 때 5인용 찻주전자를 사용하는 것은 좋지 않기 때문이다. 큰 주전자에 차를 조금만 넣어 우리면 맛도 향도 필요 이상의 공간에 흩어지므로 차 맛이 제대로 나지 않는다. 그렇다고 비싼 차를 5인용 주전자에 맞춰 넣으면 그것도 낭비가 된다.

여섯 사람 이상이 동시에 차를 마시려면 달리 준비가 필요하지만 보통 그렇게 많은 사람이 모여 차를 마시는 경우는 드물기에 이 책에서는 다섯 사람 이하의 경우만을 다루기로 하겠다.

현대 차 생활에서 많이 이용하는 기본적인 도구는 다음과 같다.

### 물주전자

끓인 물을 담는 주전자이다. 동이나 은제품이 빨리 식지 않고 좋다. 직접 물을 끓일 수 있는 기능을 겸하면 더 편리하다. 대용품으로 전기를 사용하는 포트가 있다. 옛날에는 화로에 참숯을 담고 솥이나 주전자를 올려 찻물을 끓였다.

### 찻주전자

잎차와 더운 물을 함께 넣어 차를 우려내는 것이다. 도자기 제품이 좋으며 구입할 때에 뚜껑이 정교하게 맞는 것을 고른다. 뚜껑이 제대로 맞지 않으면 색, 향기, 맛이 모두 떨어진다.

### 차호(茶壺)

차를 넣어 두는 작은 항아리로 중국이나 일본에는 여러 가지 형태가 있지만 우리나라에는 항아리를 축소한 형태가 많다. 이것도 뚜껑이 정교하게 맞는가를 살펴보아야 한다. 특히 차호는 뚜껑을 닫았을 때 외부로부터 밀폐되는 느낌이 있어야 한다.

### 귀때그릇

물을 식히는 데 사용하는 이 그릇은 차를 마실 때말고는 용도가 달리 없다. 도자기 제품이 좋다.

### 개수그릇

차를 낼 때 예열을 위해 사용한 물이나 첫탕에서 차를 씻어낸 물을 담는 그릇이다. 우리나라 사람들은 비싼 도자기 제품을 즐겨 쓰지만 차석의 분위기를 해치지 않는 범위에서 다양하게 선택할 수 있다.

### 찻잔

찻주전자에서 잘 우러난 차를 담아 마시는 잔으로 크기나 형태에 따라 찻종이라고도 한다. 도자기 제품이 좋다.

### 찻잔받침

찻잔받침은 나무 제품이 좋다. 잔과 부딪치는 소리가 귀에 거슬리기 때문이다.

### 차시(茶匙)

대나무 제품으로 차호에 담긴 차를 찻주전자에 옮길 때에 쓰인다.

### 찻수건

다구의 청결을 위해 쓰인다.

### 주전자받침

찻주전자를 받쳐 놓는 받침이다.

### 찻상

다구들을 올려 놓는 상이다.

## 물 준비

「다신전」에 "물은 차의 체(體)요 차는 물의 신(神)이니 진수가 아니면 그 신이 나타나지 않으며 정차(精茶)가 아니면 또한 그 체를 볼 수가 없다"고 했다.

차의 품질도 좋아야 하지만 그만큼 좋은 물이 있어야 한다는 것이다.

육우가 남긴 「다경」(茶經)의 제5장 '차 달이기'를 보면 좋은 물의 선택에 대해 자세히 적혀 있다. "산의 물은 젖샘이나 돌못에 게으르게 흐르는 것이 으뜸이다. 폭포에서 떨어지며 솟구치는 물이나 양치질 소리를 내면서 흐르는 여울물은 먹지 말아야 한다. 그런 물은 목병이 나게 한다. 또 산골짜기에 흔한 샛줄기의 물은 맑기는 하지만 잠겨 있어 흐르지를 않는다. 그런 물에는 겨우내 잠룡(潛龍)이 독을 쌓아 두었을지도 모른다. 그러므로 이것을 마시려는 사람은 먼저 물꼬를 터놓고 나쁜 것을 흘려보낸 다음 새로운 샘물을 졸졸 흐르게 하고서 잔질하여 마셔야 한다. 강물은 인가에서 멀리 떨어진 것을 취하며 우물은 많이 길어 가는 것을 취해야 한다."

육우가 으뜸이라고 적은 젖샘은 종유석의 샘과도 같은 산골의 고수(高髓)로서 감로처럼 달고 향기로운 물이다. 비중이 무거울수록 흰빛을 띠기도 하고 혹은 맑기도 한데 이 젖샘이 좋다는 것은 아무도 부인하지 않는다.

하지만 육우의 좋은 물 선택법에서 젖샘에 관한 이야기를 빼고 보면 중국 일대의 물이 아주 나빠 함부로 마시면 목병을 얻게 된다는 이야기일 뿐이다.

「용재총화」(慵齋叢話)에 보면 우리나라에서 가장 좋은 물로 충주의 달천수와 한강의 우중수, 속리산의 삼타수를 꼽고 있다. 하지만 요즈음에는 계곡의 물도 위에서 빨래 한 번 하면 그만이고 더구나 강물은 오염이 심하다. 아직 오염되지 않은 것이 확실한 석간수(石間水)나 샘이 가까운 곳에 있으면 찻물로는 으뜸이다. 그렇지 못하면 이온수기로 알칼리성으로 분리한 물이나 수돗물을 물통에 받아 모아 한 나절쯤 두었다가 앙금이 모두 가라앉은 다음 찻물로 사용하면 좋다.

진수는 여덟 가지 덕이 있는데 그것은 가볍고, 맑고, 시원하고, 부드럽고, 아름답고, 냄새가 없고, 비위에 맞고, 뒤탈이 없는 것이다.

## 차 준비

차를 발효 정도에 따라 구분하면 크게 네 종류로 나눌 수 있다. 차나무의 잎을 따서 전혀 발효시키지 않고 엽록소를 그대로 보존시킨 녹차(綠茶), 10 퍼센트쯤 발효시킨 청차(淸茶), 50 퍼센트쯤 발효시킨 오룡차(烏龍茶), 100 퍼센트 발효시킨 홍차(紅茶)가 그것이다.

반쯤 발효시킨 것을 오룡차라고 부르는 것은 가공 과정에서 차가 검어지면서 용의 모습처럼 꼬불꼬불해지기 때문이다. 완전히 발효시킨 차를 동양에서는 그 우린 빛깔이 붉어 홍차라고 부르지만 서양에서는 찻잎이 검다고 하여 블랙 티(Black Tea)라고 부른다.

녹차를 가공 방법에 따라 나누면 증제(蒸製), 반증반부(半蒸半釜), 부초(釜炒), 자비(煮沸)의 네 가지로 분류된다. 증제는 수증기를 이용해 산화 효소를 없애는 방법이고 반증반부는 가마솥에 물을 조금씩 뿌려 가며 덖는 방법이다. 부초법은 찻잎을 뜨거운 가마솥에 넣고 덖어서 산화 효소를 없애는 방법이고, 자비법은 뜨거운 물에 데쳐서 가공하는 방법이다. 결국 이 네 가지는 방법만 다를 뿐이지 산화 효소를 없애고 저장을 쉽게 하는 데 목적이 있다.

지금 일본에서는 찻잎을 영하의 기온에서 얼게 한 뒤 진공 건조시키는 방법까지 개발되었지만 우리나라 제다 공장들은 거의 증제법, 부초법을 선택하고 있다.

차는 찻잎의 채취 시기에 따라서도 분류된다. 음력 섣달, 춘분을 전후한 무일(戊日), 한식 전, 한식 후, 곡우 전, 곡우 후, 입하 전후, 망종 전후, 9월에 딴 차로 나누었다. 또 하루 중에서도 이른 새벽 이슬을 머금었을 때 딴 것, 해돋이 직후에 딴 것, 오전에 딴 것, 정오 무렵에 딴 것 들로 나눠 차의 품질을 따지기도 했다.

오후에는 찻잎을 따지 않았다. 차나무에서 잎을 따면 보통 세 시간 안에 가공을 마쳐야 하기 때문이다. 그 날 딴 찻잎은 늦어도 그 날 안에 마무리 가공까지 해야 한다. 잎을 따서 가공하기까지 그 시간이 짧으면 짧을수록 차의 맛과 향이 좋다고 믿었기 때문이다.

기록에서 전하는 차는 자순차(紫筍茶), 작설차(雀舌茶), 죽로차(竹露茶), 춘설차(春雪茶), 영아차(靈芽茶), 유차(孺茶), 뇌원차(腦原茶) 들이다. 자순은 불그스름한 찻잎이고 작설은 찻잎의 모양이 참새 혓바닥과 같다는 뜻이다. 죽로는 대나무 숲에서 이슬을 머금은 찻잎이요, 춘설이란 봄눈이 채 녹기 전에 돋아난 차나무의 움과 같은 여린 잎이다. 대개는 이른 봄의 어린 싹에다 운치를 더하기 위해 이와 같은 이름을 붙였다.

옛날 책을 보면 차를 좀더 세분하여 가루차, 잎차, 고형차로 나누기도 하였다. 가루차는 찻잎을 곱게 간 것이고 잎차는 위에서 말한 녹차를 말하며 고형차란 찻잎을 쪄서 뭉친 것이다. 엽전처럼 만들어서 돈차라 부르기도 했고 용 무늬, 봉황 무늬를 음각해서 용단승설(龍團勝雪), 용봉단차(龍鳳團茶)라고 부르기도 했다.

이런 차의 가공 방법들은 우리나라에서는 사라졌지만 중국에서는 아직 이어지고 있다.

어쨌든 현재 우리나라에서는 이런 식으로 차를 세분하는 것은 불가능하다. 개인이 차농사를 지어 정성껏 차를 만드는 풍토조차 조성되지 않고 있고 산업화 시대에서 차가 공산품으로 규정되어 대량 생산에 의존하고 있기 때문이다.

따라서 현재 우리나라에서 생산되는 차는 선택의 폭이 매우 좁다. 상품 이름이야 설록차, 작설차, 죽로차, 옥로차, 봉로차, 반야차, 운상차 따위로 다양하지만 내용물은 거의 비슷하다.

가공 방법에서 증제 곧 찐차와 부초 곧 덖음차 두 가지 뿐이고, 채다 시기에서는 세작(細雀, 곡우에서 입하 사이), 중작(中雀, 입하 이후), 대작(大雀, 한여름)으로 찻잎의 크기에 따라 얼추 세 가지로 구분될 뿐이다. 차나무를 살펴보면 9월에 새로 돋아나는 잎이 있는데 9월 차에 대한 관심은 없는 편이다.

하지만 우리나라 차 산업은 민간 차원의 차 생활 운동과 더불어 이제 막 일어서려는 참이므로 머지 않아 다양해질 것이다. 이런 현실을 감안하여 이 책에서 다루는 차를 세작 또는 중작으로 한다. 세작은 물의 온도를 5,60도쯤으로 하고 중작은 6,70도 사이에 맞추면 좋다. 어린잎이나 좋은 차일수록 물의 온도를 낮추는 것이 이상적이다. 초세작(超細雀)이면 50도, 세작은 55도, 중작은 60도, 대작은 70도로 찻잎의 크기가 클수록 물의 적정 온도가 높아진다. 그래서 일반 엽차

용 큰잎은 100도에 우리는 것이 알맞다.

## 차를 맛있게 우리는 법

물을 끓인다. 물을 끓이면서 다구가 제대로 준비되어 있는지 점검한다. 함께 차를 마실 사람 수를 생각하여 적당한 크기의 찻주전자를 선택하며 물은 100도로 끓이되 너무 오래 끓지 않게 한다.

끓인 물을 찻주전자에 붓는다. 예열을 주기 위해서 그리고 뜨거운 물을 식히기 위해 귀때그릇에 붓는다.

찻주전자의 물을 찻잔에 옮겨 따른다. 역시 찻잔에 예열을 주기 위해서이다. 두 사람이면 두 개의 잔에, 세 사람이면 세 개의 잔에 나누어 따르면서 적당한 물의 양을 가늠한다.

예열된 빈 찻주전자에 차를 넣는다. 차를 찻주전자에 넣기 전에 차의 품질을 손님에게 보여 주고 설명한다. 차의 양은 사람수에 따라 이미 주전자의 크기가 선택된 만큼 눈대중으로 5분의 1 정도 차도록 한다. 싱거운 것을 좋아하면 차의 양을 적게, 짠 것을 즐기면 좀 더 많이 넣으면 된다.

귀때그릇의 물이 알맞는 온도인 60도에서 70도까지 식었으면 찻주전자에 붓는다. 이 때에도 적절한 양을 붓도록 한다. 세 사람이면 석 잔이 나올 만큼만 부으면 된다. 물을 많이 부어 석잔을 따르고도 물이 찻주전자에 남아 있을 경우 다음에 우리는 차는 맛이 덜하다.

찻주전자에 더운 물을 부었으면 차가 우러나기까지 잠깐 기다려야 한다. 빈 귀때그릇에는 다시 뜨거운 물을 부어 두번째 차를 우릴 준비를 한다.

차가 우러나는 시간은 물의 온도에 따라 다르다. 중작(보통차)에 70도쯤의 물을 부으면 2 분이면 충분하다. 60도 안팎이라면 3 분쯤,

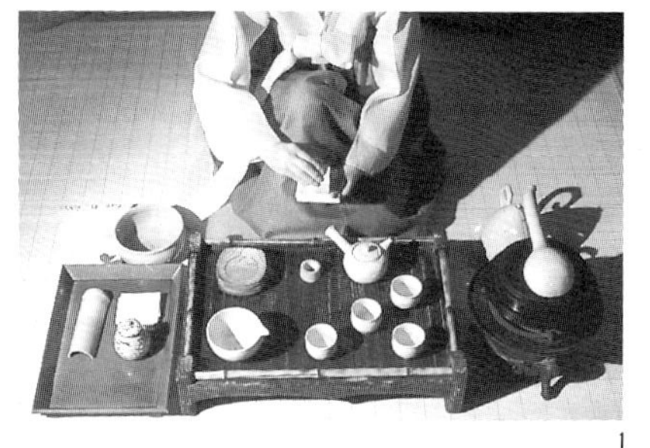
1

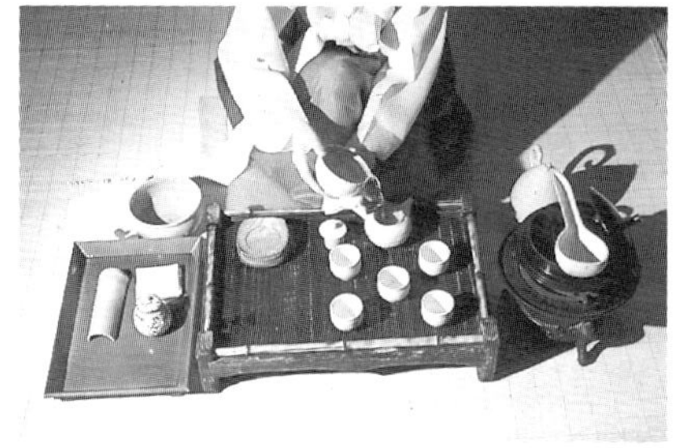
2

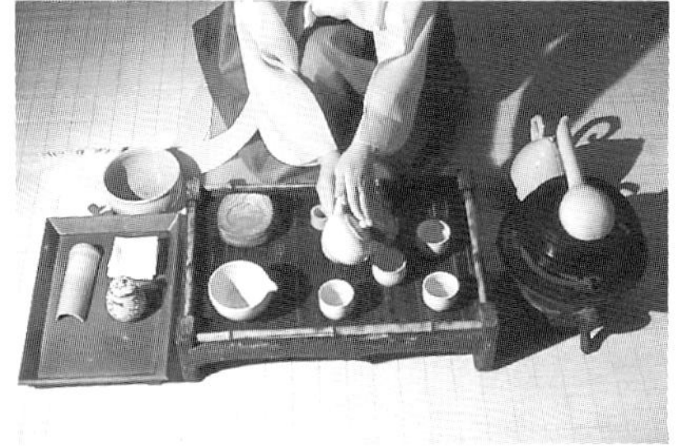
3

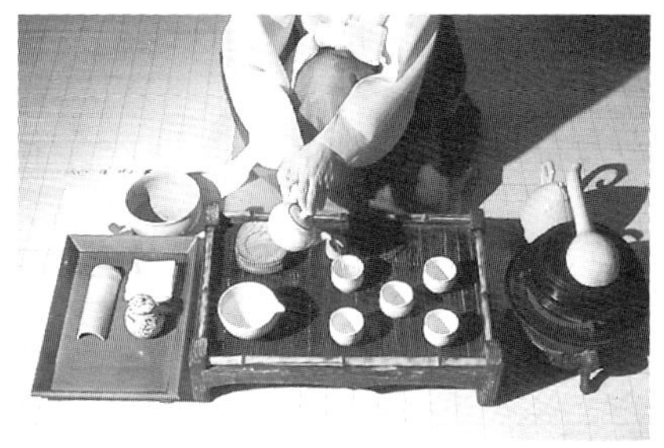
4

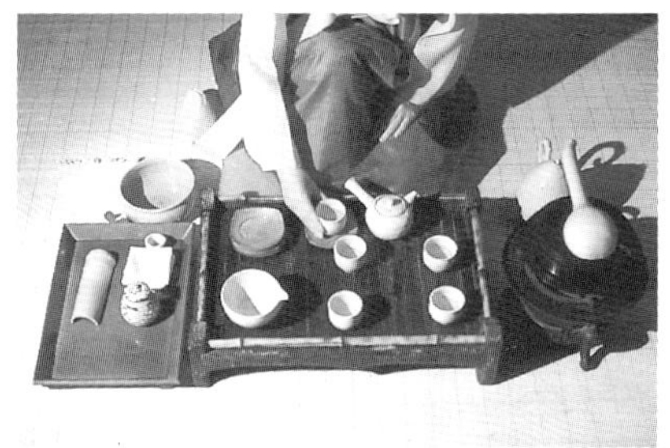
5

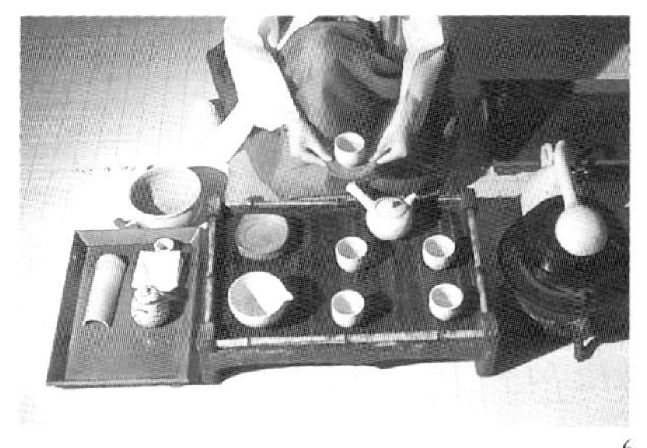
6

1 다구를 정리한다. 2 귀때그릇에 물을 담아 그 물을 주전자에 붓는다. 예열을 주기 위해서이다. 3 예열을 주기 위해 주전자의 물을 찻잔에 붓는다. 4 찻잔의 물을 개수그릇에 버리고 주전자에 차를 넣고 다시 물을 넣은 다음 차가 우러나면 찻잔에 따른다. 5 잔받침에 찻잔을 올린다. 6 "드십시오"라고 말하며 목례를 한다.

50도 이하이면 5 분쯤 우린다.

차가 잘 우러나기를 기다리는 사이에 다과를 나누며 이야기를 한다. 이야기는 언제나 할 수 있지만 차를 내는 사람은 이 때가 되어야

비로소 진솔한 이야기를 함께 나눌 수 있다.

차가 잘 우러났다고 생각되면 찻잔에 나누어 따른다. 차를 따르는 순간에도 차의 성분은 자꾸 짙어질 수 있기 때문에 고른 색, 향, 미를 즐기려면 찻잔에 따를 때 한 번에 잔을 채우지 않고 찻잔을 옮겨가며 조금씩 나누어 따른다. 이것은 차석에서는 모두가 평등하다는 뜻이기도 하다.

찻잔을 받침 위에 얹어 손님 앞에 놓는다. 이 때 찻잔받침이 같은 도자기류이면 아무리 조심해도 소리가 난다. 그래서 될 수 있으면 나무받침을 쓰는 것이 좋다.

잔을 다 돌렸으면 귀때그릇의 물을 다시 찻주전자에 붓고 두번째 차를 우린다. 귀때그릇에는 다시 뜨거운 물을 붓고 세번째 차를 우릴 준비를 한다.

함께 차를 마신다. 차를 우리는 과정은 계속 반복된다. 좋은 차는 다섯번째, 여섯번째 차까지도 색, 향, 미가 떨어지지 않는다. 차는 적어도 세 번 정도는 우려 마셔야 차를 마셨다는 기분을 느낄 수 있다.

## 차 마시는 분위기

차를 내는 과정을 살펴보면 너무 번거롭다는 생각이 들 수 있다. 그러나 차를 몇 번만 내 본 사람이면 주저없이 '그렇지 않다'고 할 것이다.

열 과정으로 나누어 설명했지만 두세 번만 실습하면 훌륭히 익힐 수 있고 실습을 하다 보면 각 과정이 끊어지는 것이 아니라 그대로 이어지고 되풀이된다는 것을 쉽게 알 수 있다.

차를 내다 보면 대부분의 사람들은 과정 자체에 재미를 느낀다고 한다. 혹 그 사람이 맛을 음미하는 정도까지 간다면 좀더 훌륭한 맛에 대한 강한 호기심도 갖게 될 것이다.

그런데 중요한 것은 차석의 분위기이다. 언제부터인가 우리나라 사람들의 차 마시는 분위기는 참으로 단조로워졌다. 아무 것도 없이 그저 차 한 잔만을 놓고 마신다. 커피를 주종으로 하는 다방이 많이 생기면서 변한 풍습이라고 생각되는데 다방을 이용하는 사람들은 거의 차를 마시기 위해서보다는 앉아서 이야기할 장소 때문에 다방을 찾는다고 한다.

다과에 대한 인식도 편견이 심하다. 다과라고 하면 전통 한과만을 생각한다. 송화다식이나 흑임자다식이나 약과처럼 일반화되지 못한 전통 다식만이 차에 걸맞는다고 생각한다. 그것을 쉽게 구할 수 있다면 나쁠 것이 없지만 지금 그런 전통 한과는 파는 곳이 많지 않을 뿐더러 값도 비싸다.

차를 마실 때 차만 마시는 것은 너무 단조롭다. 전통 한과만을 고집할 것이 아니라 요즈음에 일반화된 과자를 함께 즐기면 풍성한 차석이 될 것이다. 되도록이면 설탕이 덜 들어간 것, 아니면 잣, 호두, 땅콩 같은 것도 아주 좋다. 함께 곁들여 먹고 마시면 차도 많이 마시게 되므로 윤택한 차 생활을 즐길 수 있다.

정약용은 "차를 마시면 흥하고 술을 마시면 망한다"고 외쳤다. 차와 술을 직접 대비시킨 것이다. 차에는 알콜 성분은 없지만 카페인이 있어 얼마든지 술을 대신할 수 있다. 그렇다면 오늘날의 술좌석에서 모든 것을 그대로 두되 술을 차로만 바꾸어 놓으면 된다. 그렇다면 남녀노소가 언제 어디서나 화기롭게 어울릴 수 있고 술에 취해 실수하는 일도 생기지 않을 것이다.

# 차의 효능

“하늘을 나는 새나 땅 위를 달리는 짐승이나 말을 하는 사람, 이 삼자는 하늘과 땅 사이에서 함께 마시고 먹으면서 살고 있다. 마신다는 것의 기원과 뜻이 참으로 오래 되었구나. 목이 마른 것을 도우려면 장(漿)을 마시고, 울분을 덮어 버리려면 술을 마시고, 혼미한 것을 가라앉히려면 차를 마시기에 이르렀다. 차를 음료로 삼은 것은 신농씨로부터 비롯되었다.”

차의 성인 육우가 「다경」에 수록한 차의 효능이다. 다경은 이 밖에도 구구절절 차의 뛰어난 효능을 열거하고 있다.

“본초(本草) 목부(木部)에 이르기를 차는 고차(苦茶)로 맛은 달고도 쓰다. 약간 차지만 독은 없다. 누창(瘻瘡)을 다스리며 소변을 잘 나오게 하며, 가래, 갈증, 몸의 열을 물리치고 사람으로 하여금 잠을 적게 한다. 가을에 이를 딴다. 쓴맛은 기를 가라앉히고 음식의 소화를 돕는다. 봄에 이를 딴다.”

「다경」이 전하는 차의 효능은 분명히 경험에 의해 기술되었을 것이다. 스스로 느꼈거나 주위에서 체험한 것을 모으기도 했고 육우 이전의 고전을 인용하기도 했을 것이다. 하지만 「다경」에 나타난 효능을 종합하면 다음과 같다.

"차는 사람에게 매우 좋은 음료이다. 좋은 차를 마시면 갈증을 없애고, 음식을 소화시키고, 담을 제거하고, 잠을 쫓고, 소변에 이롭고 눈을 밝게 하고, 머리가 좋아지고 걱정을 씻어 주며 비만을 막아 준다. 사람에게는 본래 하루도 차가 없어서는 아니 되는 것이다. 식사가 끝났을 때 진한 차로 입안을 가시면 기름기가 말끔히 제거될 뿐만이 아니라 뱃속이 개운해진다. 이 사이에 낀 것도 차로 씻어 내면 다 소축(消縮)되어 모르는 동안에 없어지기 때문에 번거롭게 이를 쑤실 필요가 없다. 이의 성질에 쓴 것이 좋기 때문에 자연히 이가 튼튼해져서 충과 독이 저절로 없어진다. 대부분의 사람들은 중품이나 하품의 차로써 효능을 얻는다."

고전이 전하는 이와 같은 차의 효능을 분석해 보면 그 내용들이 하나같이 정신 생활을 건강하게 한다는 것이다. 휘종(徽宗)의 「대관다론」(大觀茶論)이 이를 잘 말해 준다.

"차는 가슴을 후련하게 씻어 주고 맑고 아늑한 기운을 가져다 준다. 차의 이러한 효능을 범인이나 아이는 잘 느낄 수 없다. 또 그 상쾌함, 깨끗함, 높고 조용한 운치는 소란한 가운데에서는 즐기기 어렵다."

체험을 통해 전해진 차의 효능은 시인묵객들의 사랑을 받으면서 문학적 향기를 더해갔다.

당나라 말기의 시인 노동(盧同)이 남긴 「칠완다가」(七碗茶歌)를 살펴보면 차의 효능이 사람을 신선으로까지 만든다고 했다. 「칠완다가」는 맹간의(孟諫議)가 새 차를 보낸 데 대한 답례시이다.

"첫잔을 드니 목과 입술이 부드러워지고 둘째 잔을 드니 고독과 번민이 스러지네. 셋째 잔에 마른 창자에 담겨 있던 쓸데 없는 지식이 흩어지며 넷째 잔에 이르니 내 평생에 불평스러웠던 일들이 온 몸의

털구멍, 땀구멍을 통해 다 빠져 나간다. 다섯째 잔으로 근육과 뼈가 맑아지니 여섯째 잔에서 선령(仙靈)에 통한다. 일곱째 잔에서는 얻을 것이 없구나. 오직 겨드랑이에서 시원하고 맑은 바람이 나옴을 깨달을 뿐이다. 봉래산이 어디 있느냐. 이 맑음 타고 돌아가고 싶다."

차 일곱 잔에 신선이 된 노동의 모습이 눈에 선하다. 과연 어떤 차를 선물 받았기에 이토록 화려한 노래로 답했을까.

문인들에 의한 차의 예찬은 이후 더욱 화려해져서 초의의 「동다송」에 이르러서는 다분히 설화적으로 비약하는 일면을 보여 준다.

"늙은이가 젊어지고 마른 나무가 되살아나듯 재빠른 신험이 일고 여든 살 노인의 양뺨이 홍도처럼 붉어진다."

과연 이러한 효능을 지닌 차가 오늘날 우리가 마시고 있는 녹차일까 하는 점에는 의문을 품게 된다.

놀라운 것은 차의 그러한 효능이 요즈음 학자들에 의해 과학적으로 규명되고 있다는 사실이다. 곧 차에는 조혈 작용, 이뇨, 정신 상쾌, 괴혈병과 빈혈 방지, 성장 촉진, 살균, 각기병의 예방, 고혈압의 예방, 체액 조절, 골격 형성 따위의 효능이 있다. 차는 복잡한 현대 생활에서 심신의 피로를 풀어 주고 가중되는 스트레스를 해소하는 데 큰 효과가 있다고 한다. 특히 중년 이상의 사람들에게는 식후에 차를 한 잔 마시고 십 분에서 이십 분쯤 쉬는 것이 건강에 좋고 소화 작용에도 큰 보탬이 됨이 임상 실험으로 입증되었다.

차의 효능은 물론 그 성분에서 비롯된다. 차나무의 생엽은 75에서 80 퍼센트의 수분과 20에서 25 퍼센트의 고형물로 되어 있으며 고형물에는 탄닌, 아미노산, 아미드, 단백질 그리고 당, 전분, 섬유소, 펙틴 따위의 탄수화물, 색소와 향기의 성분인 정유(精油), 비타민 및 무기질 성분(회분)이 함유되어 있는 것으로 밝혀졌다. 차가 일반 식물과 견주어 특이한 점은 테아닌과 카페인을 함유하고 탄닌 함량이 많으며 무기성분으로 망간과 불소, 옥소가 포함되어 있다는 것이다.

이와 같은 차의 화학 성분들은 현대 과학에서 방사능 오염 방지, 심장 강화, 니코틴 해독, 동맥경화 예방, 안질 치료, 항암 작용, 미용 효과 같은 거의 모든 성인병에 탁월한 약리 효과를 지닌 것으로 나타나 주목받고 있다.

차의 성분들은 자체에 함유된 상태에 그치지 않고 더운 물로 우려내는 과정에서 과학이 인위적으로 합성할 수 없는 약리적인 신비성을 발휘하기도 한다. 하지만 유념할 것은 차는 치료 효과를 갖는 것이 아니라 예방의 방편에서 좋다는 사실이다.

## 다섯 가지 맛의 음미

무엇이든 다소곳이 맛보는 것을 음미(吟味)한다고 한다. 이것은 음식만이 아니라 정신 생활에까지 적용된다. 그런데 이런 음미의 태도는 바로 차에서 유래한 것이다. 잘 우러난 차를 음미하면 거기에는 분명히 다섯 가지 맛이 있다.

### 쓴맛

차를 음미하면 맨처음 혀끝에 와 닿는 맛이 쓴맛이다. 차가 쓴맛이 나는 것은 고미물질(苦味物質 bitter substance)이 있기 때문이다. 이 물질은 동서양을 막론하고 흔히 소화세, 교미제(矯味劑)로 쓰인다. 동양에서는 육모초, 서양에서는 고미찡크로 대표되는 이 성분은 위벽이나 위장을 자극하여 소화액의 왕성한 분비를 촉진한다.

### 떫은맛

차를 마실 때에 쓴맛 다음으로 혀에 와닿는 것은 떫은맛이다. 이것은 탄닌산 때문이다. 떫은맛 하면 우리는 곧잘 감을 생각하고 아이들이 설사할 때 약으로 떫은 감을 먹게 하던 기억을 떠올린다. 바로 변비를 일으키는 떫은맛의 탄닌산이 잘 사용하면 훌륭한 지사제가 되는 것이다.

## 신맛

차에서 그 다음으로 느껴지는 것은 신맛이다. 이것은 차에 함유된 풍부한 비타민 때문이다. 비타민 시는 식물 가운데에서 익히지 않은 생식품에 많다. 차의 경우도 완전 발효된 홍차보다 녹차에 비타민 시가 훨씬 더 많다.

## 짠맛

소금 맛과 같은 짠맛이라고 생각하면 된다. 어떠한 생물이든 염화나트륨이 함유되지 않은 것은 없다. 이것은 생체액의 산성도를 유지하는 데 필수적인 물질이다.

## 단맛

단맛은 차에 함유된 포도당 또는 전분 같은 탄수화물에서 나온다.

# 차 생활사

차를 마시는 일은 인간의 원시적인 본능에서 출발한다. 인체의 80퍼센트가 수분이어서 늘 수분 공급이 필요하기 때문이다. 물은 인체의 구석구석에까지 영향을 주기 때문에 가려서 마셔야 한다.

차는 인간이 최초로 발견한 물을 조심스럽게 마시는 지혜였다.

원시 시대의 인류는 동물같이 엎드려서 수면에 입을 대고 마시기도 하고 손으로 떠서 마시기도 하였을 것이다. 기구를 사용했다고 해야 속 빈 나무줄기를 잘라 대롱을 만들어 빨아마신 정도였을 것이다.

토기는 정착 거주 생활이 시작된 뒤에 생겨난 것으로 볼 수 있다. 상고 시대에 가장 강인하고 지혜로웠던 동이족(東夷族)의 주류는 평원으로 이동하다가 좋은 물이 흘러넘치는 한반도를 택했다. 한반도의 차 생활 풍속이 이웃 나라들보다 폭과 깊이를 갖게 된 것은 그 때문이다.

## 신농선차(神農仙茶)

육우는 「다경」에서 차의 연원을 신농씨로 잡았다. 신농은 동방이

족(東方夷族)이라고 전해진다. 모친은 여와(女媧)로 인신반수(人身牛首)의 신농을 낳았다. 그는 섬서성 진창에서 제위에 올라 염제 신농황제로 널리 알려졌다.

그를 염제 곧 불꽃임금이라고 부르게 된 것은 불로 물을 끓여 먹는 방법을 처음으로 가르쳤기 때문이다. 그는 음식을 불에 익혀 먹는 방법을 세상에 전했다.

신농씨는 또 농사짓는 법을 백성들에게 알려 주었고 온갖 초목을 헤치고 다니며 수백종의 식물을 맛보아 약초를 찾아냈다. 산야를 거닐면서 하루 칠십여 가지씩 풀잎, 나뭇잎을 씹어 그 효용을 알아 보았다. 그러다가 독이 심한 것을 맛보고 중독이 되었는데 찻잎을 씹었더니 그 독이 사라졌다. 신농씨는 그로부터 찻잎에 해독의 효능이 있음을 알고, 이를 세상에 널리 알렸다.

그 이후 백성들은 약재의 효능을 알게 되고 특히 침독의 해소에 커다란 도움을 주는 차의 발견에 깊이 고마워했다.

말년에 이르러 산동성 곡부로 도읍을 옮긴 그는 재위 120년에 타계하였는데 백성들은 신농씨에게 감사하고자 해마다 이른 봄이 되면 처음 딴 찻잎으로 제사를 올렸다.

성이 강씨(姜氏)인 신농씨는 인류 역사에서 첫 다인이었다.

## 남방 차의 전래

서기 42년에 건국된 가야국의 시조 김수로왕은 즉위 칠 년째인 48년, 꿈에 계시를 받고 김해 별진포로 나갔다. 그곳에는 이제껏 보지 못했던 화려한 배 한척이 다가오고 있었다. 인도에서 오는 배였다.

그 배에는 아유타국(阿踰陀國)의 공주 허황옥과 오빠인 황태자 허보옥이 타고 있었다. 그들 역시 꿈에 계시를 받고 가야국의 김수로왕을 찾아온 것인데 그 일행이 스무명쯤이나 되었다. 그들은 여러 종류의 금, 은, 패물과 비단 그리고 차나무씨를 예물로 가져왔다. 이것은 우리나라 최초의 차에 대한 기록이다.

많은 국학 저서를 남긴 이능화는 「조선불교통사」에 이렇게 적었다.

"김해의 백월산에는 죽로차가 있다. 세상에서는 수로왕비인 허씨가 인도에서 올 때 가져온 것이라고 전한다."

일연선사의 「삼국유사」 '가락국기'에는 수로왕의 이야기와 함께 가락국의 역사가 단편적으로 소개되어 있다.

"수로왕 즉위 칠 년, 아유타국의 공주 허황옥이 가야의 해안에 상륙했다. 왕은 그녀를 왕비로 맞이하는데 허 황후는 화려한 비단이며 금, 은, 주옥과 패물, 노리개 들을 헤아릴 수 없을 만큼 많이 가져왔다.

왕이 허 황후를 맞이한 다음 어느덧 나라와 집안에는 질서가 잡혀갔다. 왕이 백성들을 자식과 같이 사랑하므로 저절로 위엄이 생겨났다.

수로왕과 허 황후는 몇 년 뒤 태자 거등(巨登)을 낳았다. 그러나 서기 189년 3월 1일 허 황후가 세상을 떴다.

왕비와 사별한 수로왕은 슬픔에 젖어 괴로워하다가 서기 199년에 그도 역시 눈을 감았다. 백성들은 비통해 하며 대궐 동북방 평지에 거대한 빈궁을 축조하고 수릉왕묘라 하였다. 그리고는 그 아들 거등왕에서부터 9대손인 구형왕에 이르기까지 330년 동안 해마다 정월 3일과 7일, 5월 5일, 8월 5일과 15일에 이 무덤에 풍성하고 청결한 제를 올렸다. 이 의식에는 초헌(初獻), 아헌(亞獻), 종헌(終獻)의 세 차례 헌작(獻酌, 獻茶)이 있었다.

한편 허 황후의 오빠이자 아유타국의 황태자인 허보옥은 불도를 밟아 김해군 대청리에 있는 불모산(佛母山)에 들어가 장유사(長游寺)를 건립하고 일생을 수도하다가 좌면(座眠)에 들어가니 그의 사리와 영정을 장유암에 모셨다. 그것은 장유화상이라 하여 현재까지 엄연히 존재하고 있다."

앞의 것은 차의 이야기요 뒤의 것은 선(禪)의 이야기이다. 차와 선의 불가분의 관계로 보아 가야 시대 '가락국기'는 한반도에서 차 생활의 시작을 알려 주는 기록으로 부족함이 없을 것이다.

한국의 차나무는 이렇게 중국 전래설과 인도 전래설 그리고 자생설을 갖고 있다.

## 신라 시대

신라 시대 차 생활을 보여 주는 것으로 「삼국유사」에 나오는 충담(忠談)의 '안민가'(安民歌)에 얽힌 일화가 유명하다.

신라 경덕왕 때 국선(國仙)이자 화랑이었던 기파랑(耆婆郎)은 성품이 고결하고 인품이 좋아 남들이 감히 따를 수가 없었다. 충담은 그를 기리는 노래를 지었다.

헤치고 나타난 달
흰구름 따라 흐르니
새파란 시내에
기파랑 모습 잠기네.

일오천(逸烏川) 조약돌에서

랑(郞)의 지니신 마음 읽으니
아아, 드높은 잣나무가지
서리모를 그 씩씩함이여.

충담이 지은 '찬기파랑가'(讚耆婆郞歌)는 당시의 유행가가 되었다. 임금도 신하도 백성들도 즐겨 노래했다.

그러던 가운데 경덕왕 23년(765년) 3월 삼짇날에 경주의 귀정문(歸正門) 누상에서 예전에 없던 다회가 벌어졌다.

그 몇 해 전부터 나라 안팎에 심상치 않은 불길한 일들이 일어나더니 하루는 오악삼산신(五岳三山神)이 밤에 궁전 뜰에 현신했다. 경덕왕은 착잡한 마음으로 문루에 올라 근자의 괴변을 막고 나라를 잘 다스릴 방법을 깊이 생각하다가 신하들에게 훌륭한 스님을 모셔오라고 명했다. 이에 신하들이 스님을 데리고 오자 왕은 몇 마디 나누지 않고 자기가 찾는 스님이 아니라고 돌려보냈다. 이 때 남쪽에서 걸어오는 한 스님이 보였다. 옷은 다 떨어진 누더기요, 등에는 걸망을 짊어졌지만 왕은 이 스님을 누상으로 모셨다. 스님의 걸망 속에는 차와 다구가 들어 있었다.

"스님은 누구신가요?"

경덕왕이 묻자 스님은 충담이라고 밝혔다.

"기파랑가를 지으신 스님입니까?"

왕은 기뻐하며 예를 갖추고 다시 물었다.

"어디서 오는 길입니까?"

"소승은 3월 삼짇날과 9월 9일이 되면 언제나 남산 삼화령(三花嶺)의 미륵세존께 차를 공양합니다. 오늘도 차를 공양하고 돌아오는 길입니다."

왕은 그 말을 듣고서 자기에게도 그 차를 한 잔 나누어 줄 수 있느냐고 물었다.

스님은 정성껏 차를 달여 경덕왕께 주었다. 왕은 그 맛의 훌륭함과 찻잔에서 나는 기이한 향기를 극찬했다. 충담은 주위의 신하들에게도 차를 나누어 주었다.

"스님께서는 일찍이 기파랑을 찬미한 사뇌가(詞腦歌)를 지었는데 그 뜻이 매우 고상하여 온 백성이 즐겨 노래하고 있습니다. 나를 위하여 안민가(安民歌)를 지어 주십시오."

그러자 충담은 즉석에서 안민가를 지었다.

천지는 어머니요, 임금은 어버이
백성은 자식이어라.
왕이 왕다웁고 백성이 백성다우면
백성은 편안하고
나라는 번영하리라.

경덕왕은 크게 기뻐하며 충담을 왕사(王師)로 봉하였으나 충담은 사양하며 끝내 받지 않았다.

신라 경덕왕 시절은 문운의 황금 시대였다. 김대렴이 당에서 차종자를 가져와 지리산에 심었다는 흥덕왕 3년(828)보다도 63년이 앞선다. 충담의 기록이 아니더라도 이 때에 차가 불공에 쓰이고 궁정에서 예폐물로 다루었다는 흔적은 「삼국유사」의 여러 곳에 나타난다. 경덕왕 때의 이와 같은 기록들은 「삼국사기」의 '신라본기 흥덕왕 3년조'에 적힌 내용을 훌륭하게 뒷받침한다.

"흥덕왕 3년 당나라에서 돌아온 사신 대렴(大廉)이 차종자를 가지고 왔다. 차는 선덕왕 때부터 있어 왔는데 이 때에 와서 아주 성해졌다."

이로 미루어보면 차가 우리 고유의 것이라는 주장도 가능해진다.

선덕왕 때부터 있었다는 차는 중국차가 아닌 우리차일 수 있고, 야산에 자생하던 차나무가 선덕왕 때에 발견되었을지 모르기 때문이다.

신라인이 자주 마시던 차를 「삼국유사」는 '전차'(煎茶)라고 전한다. 그러나 「월일록」에는 '점차'(點茶)라고 적혀 있다. 전차란 엽차를 말하며 점차는 말차(沫茶) 곧 엽차를 갈아서 가루로 만든 차를 일컫는다. 후일의 학자들은 엽차와 말차가 함께 있었으나 엽차보다 말차가 더 성행하였을 것이라고 말한다.

통일신라 이전에 차는 불타의 공향(供鄉)과 승려의 마실거리로서 사찰의 귀중품이었다. 술을 마실 줄 모르는 승려들은 술 대신 차를 즐겼다.

그러나 같은 시대에 불교가 성행했던 고구려와 백제의 차 생활 기록은 전해지는 것이 없다. 고구려는 북반부에 위치하여 차의 재배가 불가능했다손 치더라도 호남의 따뜻한 지방을 영토로 했던 백제에 차를 마시는 습속이 없었다는 것은 믿을 수가 없다.

신라의 다인으로 원효대사와 최치원이 자주 등장한다. 최치원은 나라가 어지러워지자 부귀영화를 한낱 뜬구름처럼 여기고 지팡이를 벗삼아 방랑하며 곳곳에 많은 시와 일화를 남겼다. 일찍부터 차를 즐겼던 그는 중국에 있을 때에 인편이 있을 때마다 고향의 부모님께 차를 보내드리는 효심을 보였다. 그의 시문집인 「계원필경」(桂苑筆耕)18권에는 "오래도록 고향에 가는 인편이 없어 마음 졸이던 중 본국의 사신 배를 만나 차와 약을 사서 보냅니다"라고 적혀 있다.

신라인들은 일정한 의식과 관계 없이 생활 속에서 차를 사랑했다. 특히 국선이던 화랑들은 산천경개를 유람하면서 심신을 단련하는 가운데 차 생활을 즐겼다. 강릉 한송에 다조, 석구 같은 술랑선도(述郎仙徒)의 유적이 아직 남아 있는 것도 좋은 증거이지만 「삼국사기」'열전'(列傳)에 나타난 설총 화왕계(花王戒)도 참고가 될 만하다. 화왕계는 왕이 차와 약으로 정신을 맑게 하고 기운을 내야 간신들을 물리치고 좋은 정치를 할 수 있다는 내용을 담고 있다.

이는 신라 시대에 화랑들의 차 생활이 성행했으며 이것이 삼국을 통일시키는데 매우 큰 영향을 끼쳤음을 말해 준다.

신라인들이 차를 마시는데 어떤 예법을 지켰다는 기록은 없다. 다만 차는 군자의 기질과 덕을 지니고 있다고 했고 맑은 인격과 고매한 학덕, 예(藝)를 고루 갖춘 사람을 '다인'이라 칭하는 풍습이 신라 시대에 있었다고 한다.

## 고려 시대

신라의 차 생활은 고려로 이어지면서 불교 문화의 발전과 함께 더 널리 퍼졌고 가장 사랑받는 기호 음료가 되었다.

특히 고려 때에는 불교가 성행하여 역대 임금이 불타의 제자를 자처했던 만큼, 임금이 손수 불공을 위한 말차(沫茶)를 제조했던 일도 흔했다고 「고려사」는 전한다. 승려들이 즐기는 차는 궁중의 차가 되었고 다시 온 나라 안에 쉽게 번졌다. 모든 국가 의식에 진차 의례(進茶儀禮, 주과식선을 올리기 전에 임금께 차를 올리는 의식)가 앞섰고 궁정에는 다방(茶房)이라는 차 전담 관청이 생겼다. 절 주위에는 차농사를 전문으로 하는 다촌(茶村)이 번성하여 절에서 필요한 차를 가꾸었다.

고려 시대의 차 생활을 이해하는데 도움을 주는 자료로 흔히 「고려도경」(高麗圖經)이 인용된다. 송나라 사신으로 고려에 와서 한 달쯤 송도에 머물렀던 서긍의 생생한 고려견문록이기 때문이다.

서긍은 자신이 어느 관리의 집에 초대를 받아 그 집에서 차를 대접받았던 일을 이렇게 적었다.

"초대 받은 일행이 나란히 앉자 주인의 아들이 다과를 올렸고 예쁜

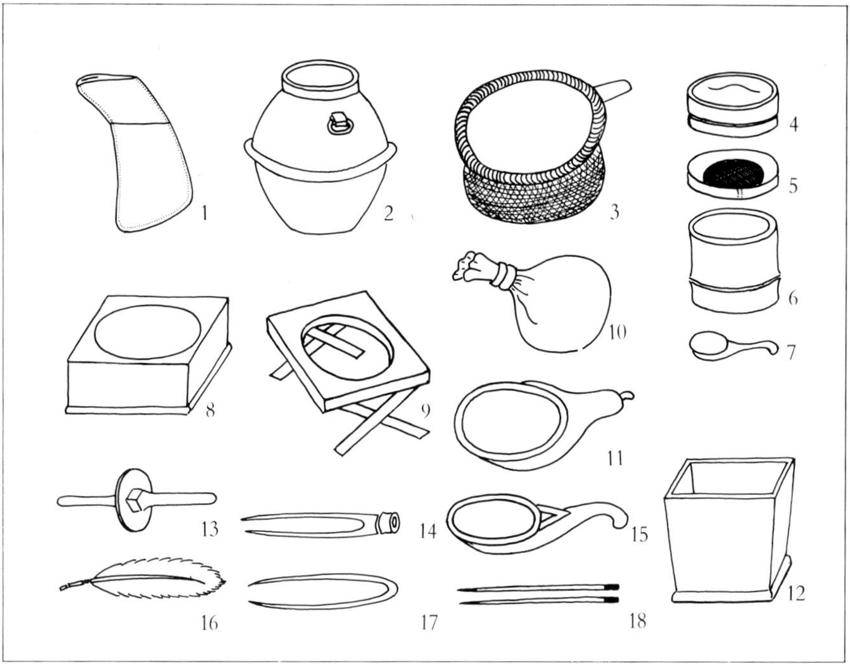

1
2
3
4
5
6
7
8
9
10
11
12
13
14
15
16
17
18

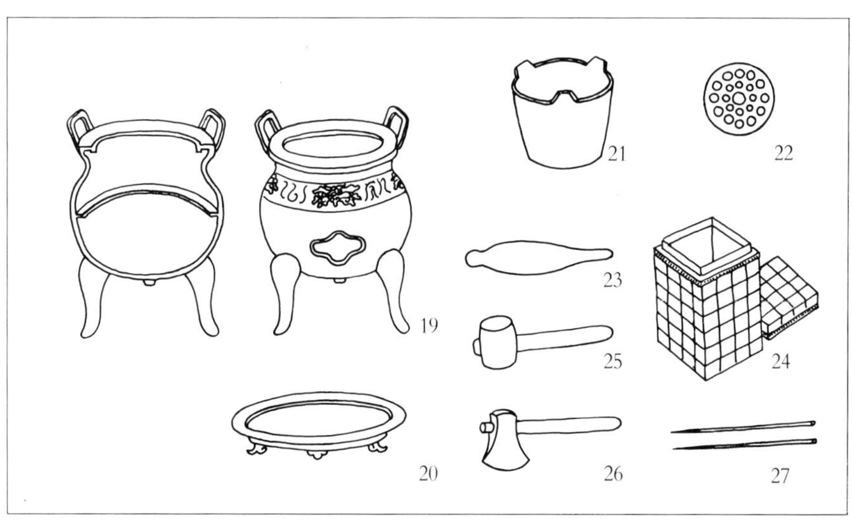
19
20
21
22
23
24
25
26
27

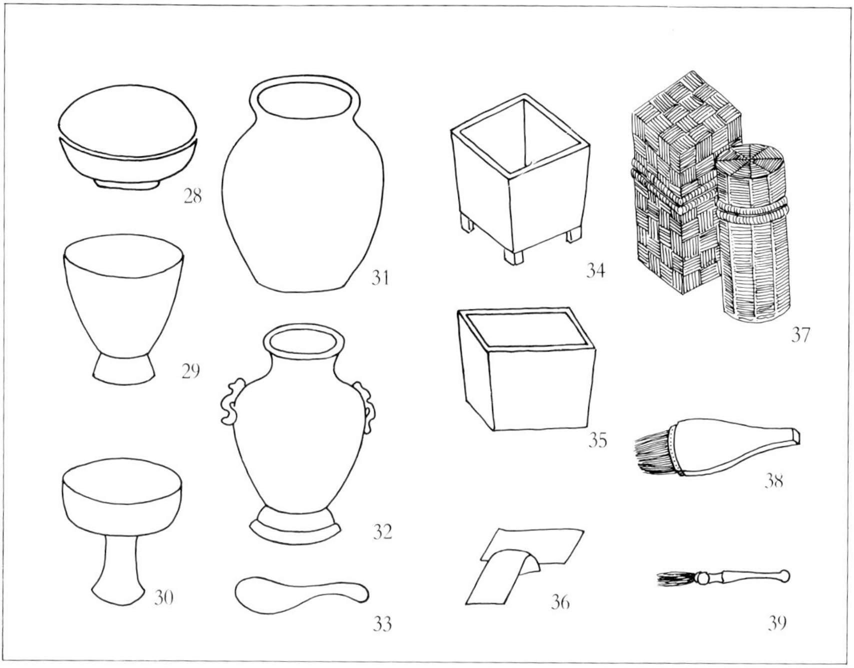

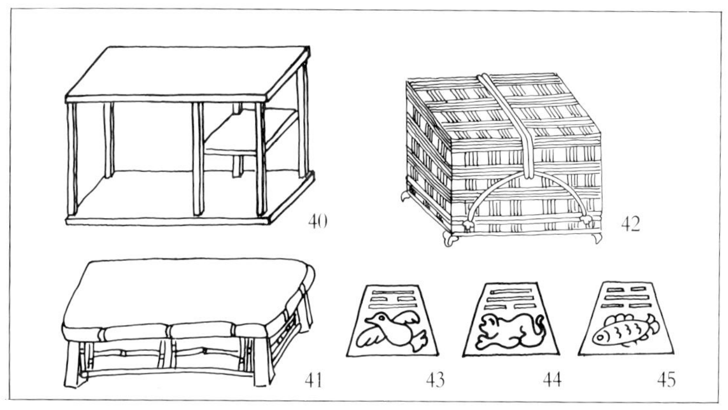


**고려 시대 다기구** 1 종이주머니 2 솥 3 물 거르는 자루 4 합 덮개 5 체 6 합 7 구기 8 연 9 교상 10 녹유낭 11 표주박 12 물통 13 추 14 대나무 집게 15 배나무 구기 16 가루털기 17 동철집게 18 대젓가락 19 풍로의 단면 20 쇠받침 21 체올(㨴㙞) 22 체올저혈(㨴㙞底穴) 23 숯가르개(숯몽치) 24 숯광주리 25 숯가르개 (몽치형) 26 숯가르개(도끼형) 27 부젓가락 28 소금단지 29 익은 물 바리 30 주발 31 소금단지 32 소금단지 33 주걱 34 개수통 35 찌꺼기통 36 행주 37 통구미 38 병려솔 39 대나무솔 40 시렁형 41 평상형 42 구열 43 꿩, 불의 괘 44 표범, 바람의 괘 45 물고기, 물의 괘

젊은이가 찻잔을 돌렸다. 왼손에 찻주전자를 들고 오른손으로 차선을 끌었다. 윗자리부터 차를 따르기 시작하여 아랫자리에 이르는 동안 조심하여 전혀 난잡함이 없었다."

서긍은 다시 잇기를 "하루에 세 번씩 차를 내오고 차에 이어 더운 물을 내오는데 고려 사람들은 더운 물을 약이라고 하며 손님이 그 차를 다 마시면 기뻐하고 다 마시지 않으면 주인을 방만히 여김이라 하여 불쾌함을 나타낸다. 그래서 억지로 차를 마신 적이 여러 번이었다"고 술회했다.

「고려도경」에는 차 이야기가 이 밖에도 많다.

"고려의 차는 맛이 쓰고 떫어 입에 넣을 수 없다. 그러므로 고려인들은 납차(臘茶)와 더불어 송나라의 용봉사단(龍鳳賜團)을 귀히 여긴다. 용봉사단은 송나라 궁중에서 쓰는 고귀한 차로 국제 예물로 오기도 하지만 부족하여 상인을 통해 구입하기도 한다."

고려 때에는 신라 이상으로 말차가 성행했다. 말차를 만드는 기구는 연다마(硏茶磨) 또는 다마(茶磨)라고 불렀다. 그것은 돌로 만든 풀매 종류이나 생김새는 풀매와 달랐다. 고려인들은 다마에 고형차를 갈아 가루로 만든 다음 끓는 물에 넣어 마셨다. 기록에서 돌로 만든 둥근 바퀴를 한팔로 돌리는 광경이나 "풀매를 천천히 돌릴 때마다 옥가루가 쏟아진다"는 말차를 만드는 모습을 적은 것이다.

물론 요즈음처럼 찻잎을 갈아 분말로 만든 것은 아니었다. 찻잎을 쪄서 일단 고형차(떡차)로 만들어 저장했다가 필요할 때마다 꺼내어 다마에 갈아 가루로 만들었다. 고려 성종 8년, 최승로의 죽음을 슬퍼하며 왕실이 보낸 부의에 뇌원차 200각(角)이 있었다. 문종 때에는 여든 살이 넘은 국로에게 왕실에서 뇌원차 30각씩을 하사했다고 「고려사」가 전한다. 이는 떡차였기에 양을 말할 때 근이나 각으로 표시했다.

고려 시대의 일품차로는 유차(孺茶)를 빼놓을 수 없다. 유차는 글자 그대로 어린차라는 뜻이니 작설차보다도 더 작은 잎이었던 것 같다. 이른 봄 잔설 속에 싹튼 새순을 따 만드는 차라 그 향기와 맛이 일품이었다. 경남 화개 지방 같은 곳에서 따서 정제하여 바로 왕실에 진상했기 때문에 일반 사람들은 좀처럼 구할 수 없었지만 가끔 큰 승려에게 하사하는 경우가 있어서 다인이자 풍류시인이었던 이규보가 이런 시를 남기게 했다.

인생은 온갖 맛을 즐김도 귀중하니
사람이 사람을 도와 절후(節候)를 바꾸네.
봄에 자라고 가을에 성숙함이 당연한 이치이니
이에 어긋나면 그것은 괴상한 일.
그러나 근대의 습속은 기괴함을 좋아하니
하늘마저 인정의 즐겨함을 따르는구나.
시냇가 찻잎사귀 이른 봄에 싹트더니
황금 같은 여린 움 눈 속에 자랐네.
남방 사람 맹수도 두려워하지 않고
험난함 무릅쓰고 칡덩쿨 휘어잡아
간신히 채차하여 불에 쩌 단차(團茶) 만드니
남보다 앞서 임금님께 드릴 진품
선사는 어디에서 이런 귀중품 얻었는가.
손에 닿자 향기가 코를 찌르고
활활 타는 화롯불에 손수 차를 달여 보니
꽃무늬 자기에 따라 빛깔을 자랑하네.
입에 대니 달콤하고 부드러운 맛
마치 어린 아이의 젖내와도 같아
부귀의 가문에도 찾아 볼 수 없는 것을
우리 선사 이를 얻음이 괴상하고 괴상하구료.

남방의 아이들 선사의 처소 알지 못하리.
찾아가 맛보고 싶은들 어이 알려 줄손가.
이는 아마도 구중궁궐에서
고덕한 선사를 대우한 예물인 것을
차마 마시지 못하고 아끼고 간직하다
임금의 봉물(封物)중사(中史)편에 보내왔겠지.
나는 세상살이 모르는 쓸모없는 나그네.
좋은 혜산천(惠山泉)의 물을 감상하긴 했지만
평생 불우하여 만년을 탄식했는데
일품을 감상함은 오직 이것뿐인가 싶네.
이 귀중한 차 마시고 어이 사례 없을손가.
공에게 맛있는 봄술을 빚기 권하노니
차 들고 술 마시며 평생을 보내면서
오며가며 풍류(風流)놀이 시작해 보세.

이것은 이규보가 운봉에 사는 고승 노규선사(老珪禪師)로부터 진귀한 유차를 선물 받자 몹시 기뻐 온갖 찬사를 써서 지은 장편의 유차 예찬시인데 찬찬히 음미하면 고려 시대 차 생활의 풍토를 선명하게 그려 보임을 알게 된다.

고려 시대에는 거리에 다점(茶店)이 있어 일반 백성에게 차를 팔았다. 주점과 마찬가지로 그곳에서 백성들은 약간의 돈을 내고 차를 마시며 휴식을 했다. 다점에서는 차를 상품으로도 취급했다. 근세 국학자인 문일평이 「차고사」(茶故事)에서 “고려의 차는 진일보하여 상품으로 매매할 만큼 수요 공급의 관계가 보편화하였고” 라고 적은 것도 좋은 예려니와 고려 목종이 시중(侍中) 한언공(韓彦恭)의 상소를 보고 내린 전교의 요지도 확증을 주는 자료이다.

“시중의 상소를 보니 지금 선조에 이어 돈만 통용되고 거친 베의 사용을 금지시킴으로써 백성들의 원망을 산다고 한다. 앞으로는 다점, 주점 같은 각종 상점에서 물건을 매매할 때 돈도 사용하지만 백성들이 개인적인 거래를 할 때엔 돈 아닌 토산품도 사용하게 하라."

차 생활이 어디까지 일반화되었는지는 알 수 없으나 고려인들은 인생과 차를 자연스럽게 노래하며 정신적인 풍류를 누렸다.

## 조선 시대

고려 시대까지 그렇듯 풍성하던 차 문화가 조선조로 접어들면서 갑작스럽게 쇠퇴하는 현상을 보인다.

주자학을 국교로 하는 조선이 억불숭유 정책을 펴자 불교는 쇠퇴의 길을 걸었고 차의 수요는 급격히 줄어들었다. 그러나 이 이유만으로 온 나라 온 백성이 생활 속에서 즐기던 차가 갑작스럽게 쇠퇴하였다는 데에는 의문이 남는다.

조선 시대에 새로 국교로 등장한 유교의 경전, 곧 주자학이 차 문화의 직접적인 쇠퇴 원인이라고 단정하는 것은 무리이다. 주자의 사상이 바로 차 생활을 통해 닦여진 것이기 때문이다.

주자는 중국 안징성 자원현이 고향으로 그곳은 지금도 차의 본고장으로 불리고 있다. 그는 복건성 무이산에 있는 문공서원(文公書院)에서 그의 철학을 완성했는데 그곳의 다풍은 매우 검소했다. 이와 같은 배경에서 주자는 스스로 제정한 「가례」(家禮)속에 차례(茶禮)로써 조상께 제를 올릴 때의 의례를 담았다. 말하자면 주자학의 도입이 차의 쇠퇴 동기가 될 수 없다는 것인데 그럼에도 불구하고 불교의 쇠퇴와 함께 차도 쇠퇴하였다는 사실은 차의 생산이 사원의 주도로 이루어졌기 때문이라고 밖에 볼 수 없다.

차 문화가 단절되었다고는 하나 고려 때에 성행했던 음차 풍습의

흔적은 곳곳에 많았다. 무엇보다 고려 시대의 차공(茶貢)이 조선 중엽까지 그대로 남아 있었다. 그 사실은 성종 때의 문신 김종직의 글에 나온다.

"함양에 부임하여 보니 함양군에서는 나지도 않는 차를 해마다 백성들에게 부과하여 백성들은 멀리 전라도에 가서 비싼 값에 차를 구해온다. 쌀 한 말에 차 한 홉의 비율로 사온다. 그 폐단을 알고는 백성들을 몰아치지 않고 관에서 구해 상공(上供)하였다. 내 일찍이 삼국사를 읽었으되 신라 때 당나라에서 차종자를 얻어 지리산에 심게 했다는 기록을 보았는데 함양이 지리산 아래이니 어찌 신라 때의 것이 남아 있지 않으랴 생각되어 늙은이를 만날 때마다 물어 보았다. 그 결과 엄천사(嚴川寺)북쪽 대나무 숲에서 차나무 몇 그루를 얻었다.

나는 몹시 기뻐서 곧 그곳에다 다원을 설치하고 근방에 있는 백성들의 밭을 다 사서 관전(官田)으로 보상해 주었다. 몇 해가 안 가 차나무는 잘 번식해서 다원 안에 가득찼다."

이로 미루어 볼 때 차의 부세가 함양군에까지 있었으니 그 아래 지역에는 모두 있었던 것으로 추측할 수 있다. 특히 호남 지방에 가면 값이 비싸기는 해도 얼마든지 차를 구할 수 있었다. 조선의 숭유 정책에 밀려 불교와 함께 스러졌다기보다는 조정에서 생산을 장려하지 않고 착취만을 일삼았기 때문에 차 문화가 쇠퇴하였을 것이다.

조선 시대에는 다시(茶時)를 지키는 풍속도 있었다. 사헌부 관원들이 공정한 판결을 위해 매일 일정한 시간에 모여 차를 마시며 의논하였는데 그것을 다시라고 했다. 이러한 풍속은 관리 사회뿐만이 아닌 선비 사회에도 있었다. 조선 사회에는 또 야다시(夜茶時)라는 은어가 있었다. 재상 이하 누구든지 간사하거나 부세를 많이 거두어 백성을 해치거나 재물을 탐내는 사람이 있으면 여러 감찰들이 야다시를 이용하여 그 사람의 집 근처에 가서 죄를 논하고 흰 판자에다 논

한 내용을 적어서 그 집 문 위에 걸었는데 이 야다시를 당한 사람은 다시는 의관 반열에 들지 못하는 기물 취급을 받았다.

그러나 이 때 차 생활사에 일대 혼돈을 주는 기록이 있으니 명나라 장수 양호에 얽힌 일화이다. 임진 왜란 때에 원군을 이끌고 온 그는 남원에 주둔할 당시 토산차를 발견하고 선조대왕께 진정했는데 그 일문일답에서 당시의 조선 왕실에 음차 풍습이 없었음을 알려 준다. 남원에서 차 두 포를 구한 양호가 그것을 선조대왕께 보이며 진정했던 내용은 다음과 같다.

"이 차는 남원에서 난 것으로 그 품질이 상품입니다. 귀국에 이와 같이 좋은 차가 있는데 어찌 마시지를 않습니까? 이 차를 요동에 가져다 팔면 열 근에 은 1전을 받을 수 있으니 차를 팔아서 일 년이면 만여필의 전마(戰馬)를 남깁니다."

양호의 진정에 선조대왕은

"조선의 습속이 본래 차를 마시지 않소. 남원의 것은 육안차(陸安茶)의 종류가 아닌 작설차요."

"이것도 차입니다. 귀국에서는 인삼을 즙을 내어 마시는데 그것은 약이지 차가 아닙니다. 인삼차를 마시면 가슴이 답답해져서 차를 마셔 기분이 상쾌해지는 것만 못합니다. 귀국의 신하들에게 차를 마시게 하면 마음이 열리고 기운이 나서 모든 일을 잘 해낼 것입니다."

이런 일이 있고 난 뒤에 선조는 여러 신하를 별전에 불러 양호와의 다담을 옮기며 신하들의 의견을 물었는데 정탁이란 신하가

"이는 참으로 모욕적인 말입니다. 차를 위해서 말한 것이 아니라 조선이 일을 잘 경영하지 않는다고 빗대서 하는 말입니다. 태만한 성질이 어찌 차 마시는 것으로 고쳐질 수 있겠습니까?" 라고 했다.

이는 「조선왕조실록」(朝鮮王朝實錄)에 있는 이야기이다. 당시 남원에서 차가 생산되었는지는 알 수 없지만, 남쪽 지방 일대에 차세(茶稅)가 있었다는 것과 다시 유속과는 상반되는 기록이다.

차나무가 야생하는 남방 지역의 백성들이 고려 후기와는 또 다른 특별한 고초를 겪는 것은 임진 왜란 때에 비롯되어 병자 호란 직후에 절정을 이룬다. 전쟁에 패한 뒤 청나라가 요구한 세폐에는 조선으로서 감당하기 어려운 많은 양의 차가 포함되어 있었는데 차가 조직적으로 생산되기는커녕 거의 잊혀져 가던 때에 차를 마련하는 것은 여간 어려운 일이 아니었다. 마침내 백성이 차밭을 불질러 버리는 사태가 곳곳에서 빚어졌다.

바로 이즈음에 인삼즙, 쌍화탕, 결명자, 구기자 같은 그 때까지 약으로 전래되던 탕과 즙이 「동의보감」에 힘입어 차의 대용품으로 민간에 퍼졌고 차는 종적을 감춰 버리고 말았다.

이같은 사실들은 고려조에 비해 조선 시대의 차 생활이 비록 쇠퇴하였다고는 해도 완전히 단절되었던 것이 아님을 시사한다.

차는 전래적인 성격으로나마 민간에 이어져 내려왔고, 그래서 차를 마시지 않으면 대화도 생활도 건조해지는 타성이 대용차 시대를 열게 했던 것이다. 임진 왜란 이후 1805년에 다산 정약용이 유배지인 강진에서 차 생활을 했다는 기록이 나오기까지 가야, 신라 시대부터 민족이 애음하던 차는 깊이 숨어 그 맥조차 끊어졌다는 인상을 준다.

1805년 신유사옥으로 정약용이 강진에 유배된 지 네 해째 되는 을축년 가을 정약용은 혜장선사를 만난다.

갇힌 생활에서 조금 자유로워진 정약용은 외로움을 달래기 위해 마을 노인 한 분을 앞세우고 삼십 리쯤 떨어진 도암리에 있는 만덕산 백련사를 찾아간다. 그곳 주지인 젊은 스님이 학식 높은 선비가 있다는 소식을 듣고 한번 보고 싶다는 기별을 보내왔기 때문이다.

백련사에서 혜장을 만난 정약용은 목례를 나눈 뒤 스님이 권하는 차를 마시면서 대화를 시작한다. 두 사람의 화제는 불교에서 주역으로 옮겨지며 날이 저물도록 계속된다. 밤이 늦어 못내 아쉬워하며 혜어질 때 정약용은 말한다.

"차 맛이 너무 좋습니다. 다시 스님을 찾아오면 그 때도 차를 주시겠습니까?"

"역(易)에 밝으시니 내일 일을 익히 아시겠지요. 가르침을 받겠습니다."

밤길을 걸어 처소로 돌아온 정약용은 혜장을 잊을 수가 없었다. 당시 혜장의 나이는 34세로 정약용보다 꼭 십 년이 아래였지만 유배 생활에서 벗 없이 오랜 세월을 지내 왔던 그에게 말벗이 될 수 있는 혜장의 등장은 반가움을 넘어 충격이었다. 뜨거운 가슴을 억누르지 못하고 잠을 뒤척이고 있을 때 자정이 넘어 인기척이 났다. 벌떡 일어나 문을 열고 보니 뜻밖에도 손님은 혜장스님이었다. 둘은 서로 껴안고 눈물까지 흘렸다.

이 이야기는 강진에 구전되고 있는데 정약용이 처음 차를 접하게 되는 것은 이 때로서 이것이 조선 역사에 차가 재등장하는 계기가 되었다. 그 해 겨울 정약용은 혜장의 도움으로 동문 밖 주막을 떠나 강진읍 뒤 고성사(高聲寺)로 옮기고 그 거처를 보은산방(寶恩山房)이라 이름 지었다.

혜장은 이 곳에 자신의 제자를 보내 주었다. 그는 늘 정약용에게 차를 달여 주었고 잔심부름도 하였다. 그의 이름은 색성이었는데 그 때 이미 방대한 화엄경 공부를 모두 마치고 겸하여 두보의 시를 통독했을 정도로 학식이 있었다. 정약용이 하루는 색성에게 차 한 잔 마시기를 원했으나 보은산방의 차는 동이 나 버리고 없었다. 그는 붓을 들어 소(疏)한 편을 단숨에 써내렸다. 소란 흔히 임금에게 써올리는 글을 말하거나 불가에서 죽은 사람을 위하여 부처 앞의 명부에 적는 글을 말하는데 정약용은 혜장에게 걸명소(乞茗疏)를 보낸 것이다.

나그네는 근래 차버러지가 되었으며 겸하여 약으로 삼고 있소.

차의 묘한 법은 육우의 다경 3편이 모두 통달케 했고,
병든 큰 누에는 마침내 다인 노동조차 마시지 못했던 일곱 잔째를 마르게 했소.
비록 정력이 쇠퇴했다 하나 기모경(基毋炅)의 말은 잊지 않았고,
막힘을 풀고 흉터를 없애기 위해
이찬황(李贊皇, 李德裕)의 차 마시는 버릇을 얻었소.
윤택할진저! 아침에 달이는 차에 화(華)가 일어나니
뜬구름이 맑은 하늘에 희고 흰 듯하며
낮잠에서 깨어나 달이는 차는 밝은 달이 푸른 시내에 잔잔하게 부서지는 듯하오.
다연(茶硯)에서 차를 갈 때 잔구슬인지 흩날리는 벽성인지 산골의 등잔불에서는 가리기 아득한데
자주빛 어린 차순의 향내는 그윽하고
불을 일어 새 샘물 길어다 들에서 달이는 차의 맛은
신령께 바치는 백포(白袍)의 맛과 같소.
꽃청자 홍옥(紅玉)의 차완을 쓰던 노동의 호사스러움을 따를 길 없고
돌솥 푸른 연기의 검소함은 한비자(韓非子)에게 미치지 못하나
물 끓이는 흥취를 게눈, 고기눈에 비기던 옛 선비들의 취미만을 부질없이 즐기는 사이
용단(龍團) 봉단(鳳團) 등 왕실에서 보내 주신 진귀한 차는 이미 바닥이 났소.
이에 나물캐기와 땔감을 채취할 수 없는 병이 들어
부끄러움을 무릅쓰고 차 보내 주시는 정다움을 비는 바이오.
듣건대 죽은 뒤 고해(苦海)를 건너는 다리로서 가장 큰 시주는
명산의 고액(膏液)이 뭉친 차를 몰래 보내 주시는 일이라 하오.
목마르게 바라는 이 염원

부디 물리치지 말고 베풂을 주소서.

정약용의 '소'는 물론 장난이다. 하지만 그는 혜장에게서 얻은 차를 송나라 때의 황실에서 쓰던 용단봉병에 비유했다. 그는 혜장을 차의 임금으로 장난삼아 부르면서 소를 통해 차 보내 주기를 간청했던 것이다.

실학의 대가 정약용의 글과 시는 언제나 다분히 현실적이지만 이 걸명소에는 그러한 리얼리즘이 없다. 이 때 이미 정약용은 차의 세계에서 풍류를 즐겼던 것이다.

얼마 뒤 마을 사람들은 차나무가 많아 다산(茶山)이라 부르는 마을 뒷산에 초당을 마련하고 그곳에 정약용을 모셨다.

마을 사람들은 다산에 사는 정(丁) 씨라 하여 정다산(丁茶山)이라 불렀고 정약용이 이 때부터 아예 다산을 자신의 아호로 쓰기 시작했다.

1818년 정약용의 강진 생활이 마무리되던 해에 그의 제자들이 다신계(茶信契)를 조직한다.

〈1818년 8월 그믐날 의논〉

귀하다는 사람들은 신의가 있다. 만약 떼지어 모여 서로 즐기다가도 흩어진 뒤에 서로 잊어 버린다면 이는 금수의 짓이다. 우리들 여나믄 사람은 1808년의 봄부터 오늘까지 형제처럼 모여 살면서 글을 읽었다. 이제 스승께서는 북녘으로 돌아가시고 우리들은 별처럼 흩어지니 이것이 서로를 막연히 잊고 생각치 않는 이별이 된다면 이 또한 방정맞지 않을손가. 지난해 봄 우리들은 이 일을 미리 염려하고 계(契)를 세워서 돈을 모았다.

사람마다 돈 한 냥을 두 해 동안 내었는데 근심되는 것은 출납이 뜻대로 바르고 쉽게 되지 않았다는 것이다. 스승께서는 보암의 서촌에 몇 구역의 메마른 밭을 방매하려고 하였으나 많이 팔 수가 없었다. 이에 우리들은 서른 다섯 냥의 돈을 여행 장비에 넣어드렸다. 이에 스승께서는 서촌의 밭을 다신계라는 이름의 계를 만드는데 쓰도록 둠으로써 훗날 믿음을 꾀하라는 밑천으로 삼게 하셨다.

다신계절목에는 모두 18명의 제자들의 이름이 적혀 있는데 그 후미에는 다산이 직접 기술한 대목도 있다.

다산은 약조에 이르기를 "매년 청명, 한식 일에 모든 계원이 다산초당에 모여 계사(契事)를 치르는데 운을 내서 시를 짓고 연명으로 작서하여 유산(酉山, 정약용의 아들)에게 보내라. 또 곡우 때 딴 어린 차는 볶아서 엽차 한 근을 만들고 입하 때 딴 늦은 차로서 병차(餠茶) 두 근을 만들어 시와 서찰을 함께 동봉하여라" 했고 "가을 국화가 피는 시절에도 초당에 모여 시를 지어 보내라"고 하였으며 "봄에 차를 따는 노역에 빠지는 계원은 돈 5전을 내서 마을 아이에게 차를 따도록 하라"고 했다.

그리고 다산은 강진을 떠나 고향으로 갔다. 18명의 제자들은 스승이 남긴 자상한 훈도를 잊지 않았다. 고향에서도 다산은 저술에만 전념하다가 75세에 세상을 떠났는데 제자들의 정성은 한 해도 거름이 없었다.

다산과 혜장 이후 조선 시대 차 생활의 맥은 추사와 초의로 이어진다. 1809년 24세에 생원이 된 김정희(金正喜)는 그 해에 동지사로 청나라에 가는 아버지를 따라 연경에 가서 당대의 큰 유학자들과 교유하면서 경학(經學), 금석학(金石學), 서화(書畫)에서 많은 영향을 받았는데 이 때에 차 생활의 진수를 몸에 익히고 돌아온다.

귀국 후 그는 고증학의 도입을 시도하면서 많은 친구들에게 차 마시기를 권하며 스스로를 승설학인(勝雪學人)이라 칭하기도 했다. 초의가 다산의 아들인 유산의 소개로 추사를 만난 것은 이 때로서 한양에 초대 받은 초의는 두 해 동안을 장안에 머물면서 유산과 추사를 중심으로 많은 선비들과 교분을 맺었다.

다시 해남으로 돌아온 초의는 그 후 해마다 봄이면 정성들여 차를 만들어 추사에게 올려 보냈다. 어쩌다 한 해 차를 올리지 못하면 추사는 다그치는 편지를 썼다.

"행다 때가 되면 어김없이 과천(果川)과 열수(洌水, 蓉湖白露亭)로 새 차를 보내더니 금년에는 벌써 곡우가 지나고 단오가 가까워졌는데도 두륜산의 한 납자(衲者)는 소식조차 없으니 어찌된 일인가. 말꼬리에 매달아 보낸 것이 도중에 떨어진 것인가 아니면 유마병(維摩病, 중생의 아픔을 보고 부처가 앓았다는 병)이라도 앓고 있는 것인가. 만약 더 지체하면 마조할(馬祖蝎, 욕질)이나 덕산봉(德山棒, 몽둥이질)으로 그 몹쓸 버릇을 징계하고 그 원인을 다스릴 터이니 그대는 깊이깊이 깨닫게나" 한 뒤에 추사는 "거듭 거듭 차 빨리 보내기를 당부하네"라고 썼다.

그렇게 추사에게 보내진 차는 한양의 지체높은 선비들에게 널리 퍼졌고 차를 마시는 자리마다 초의의 이야기가 전해졌다.

초의는 이를 계기로 중국의 「만보전서」(萬寶全書)에서 차에 관한 기록을 뽑아 「다신전」(茶神傳)을 썼다.

차나무는 적당한 곳에 종식해야 하고, 그 성질에 알맞는 자양을 주며, 차를 딸 때에는 묘(妙)를 다해야 하고, 차를 저장할 때에는 습기가 스미지 않도록 유의하고, 물은 진수(眞水)를 쓰고, 끓는 물은 중정(中正)을 얻고, 수체(水體)와 다신(茶神)은 상화(相和)하고, 신건(神健)과 수령(水靈)은 상병(相倂)해야 한다. 이럴 때 다도는 완수되는 것이다.

"무자년(1828년) 어느 비 오는 날 스승을 따라 지리산 칠불아원(七佛啞院)에 이르러 이 책자를 등초하여 내려왔다. 곧바로 정서하여 한 권의 책으로 짜고자 하였으나 몸이 괴로워 오늘 내일 뜻을 이

루지 못하던 차에 사미승 수홍(修洪)이 시자방에서 노스님의 시중을 들고 있었는데 그가 다도를 배우고자 하여 정초(正抄)하려 하였으나 역시 몸이 편치 못하여 뜻을 이루지 못하고 등초를 그대로 놓아 두었다. 그러다 좌선하는 도중 틈틈이 짬을 내어 완성한 것이다. 시작이 있고 끝이 있음은 어찌 군자의 일이기만 하겠는가. 총림(叢林, 승려들이 모여 좌선 수도하는 선원)에도 조주풍(趙州風, 도의 깊은 뜻을 널리 편 당나라 때 고승)이 있어 이제껏 알지 못했던 다도를 탐구하고자 외람되지만 이에 초시(抄示)하는 바이다. 병인년(1830) 중춘(中春) 눈서린 창가에서 화로를 안고 삼가 씀."

위의 기록은 초의가 「다신전」의 말미에 적어 놓은 것인데 초의는 이 「다신전」을 쓸 때쯤 더욱 차의 깊이를 느끼기 시작한다. 그는 6년 후 추사 김정희를 통해 알게 된 해거도인(海居道人) 홍현주(洪顯周)의 부탁으로 '동차'(東茶) 곧 '한국의 차'를 찬미하는 「동다송」(東茶頌)을 저술하여 다서의 불모지에 빛나는 업적을 남겼다.

# 차의 산지

차나무 재배에 알맞는 기후 조건은 강우량이 연간 1500 밀리미터 이상인 곳으로서 특히 봄철에 비가 많아야 한다. 안개가 자주 끼는 하천 연안이나 구릉 지대나 산지가 적합한데 연평균 기온이 13도 이상이어야 한다.

우리나라에서 차나무를 재배하기 좋은 곳은 남부 일대와 제주도이다. 단종 2년(1454년)에 완성된「세종실록지리지」에는 작설차의 산지가 표시되어 있다. 작설차는 지방의 특산물로서 토공(土貢) 대상품이었는데 차를 토공으로 바치던 지역은 경상도와 전라도였다.

"경상도 / 밀양도호부, 울산군, 진주목, 함양군, 고성현, 하동현, 산음현, 진해현

전라도 / 고부군, 옥구현, 부안현, 정읍현, 나주목, 영암군, 강진현, 무장현, 함평현, 남평현, 무안현, 고창현, 흥덕현, 순창현, 구례현, 광양현, 장흥도호부, 담양도호부, 순천도호부, 무진군, 보성군, 낙안군, 고흥현, 동복현, 진원현, 영광현, 해진군"

「세종실록지리지」보다 70년쯤 뒤에 완성된「신증동국여지승람」의 '토산'(土產)조에도 차 산지가 기록되어 있다.「세종실록지리지」와 비교하면 진해현, 함양현, 구례현, 장성현, 무진군, 영암군의 여섯

지방이 빠지고 양산군, 곤양군, 단성현, 태인현, 광산현, 능성현, 남양군의 일곱 지방이 새로운 차의 산지로 추가되어 있다.

19 세기 전반에 편찬된 서유구의 「임원십육지」에 기록된 차 생산지는 「세종실록지리지」나 「신증동국여지승람」과 비교하면 열 곳쯤이 줄어드는데 이러한 현상은 모두 차의 재배에는 노력하지 않은 채 토공만을 강요한 결과라고 할 수 있다.

구한말에 와서 차나무의 재배는 조정의 일부에서 조심스럽게 거론되었다. 명나라의 양호, 청나라의 이홍장과 이한신이 다업(茶業)을 권장했던 흔적도 있고, 1883년 뒤에는 농상사(農商司)에서 차의 재배를 관장하고 1885년에는 청나라 구강도에서 차나무 묘목 육천 그루를 수입하기도 했다. 이 무렵에 간행된 안종수의 「농정신편」에는 차의 재배법이 수록되었다. 그러나 이러한 차 산업의 기운은 한일 합병으로 흐지부지되었다.

그 후 총독부는 새롭게 차 산업을 장려했다. 1912년에는 광주 무등산에 무등다원이, 1940년에는 보성군 회천면에 보성다원이 조성되어 일본 사람들이 경영하였다. 광복과 더불어 무등다원은 삼애다원으로 바뀌고 보성다원은 대한다업에 인수되었다. 1970년을 전후해서 차나무는 비로소 기업적으로 육성되기 시작하였다.

1985년의 우리나라 다원 면적은 농수산부 자료에 따르면 449 헥타아르에 이른다. 이것을 지역마다 보면 보성에 40만평쯤, 강진에 20만평쯤, 제주도 서광에 30만평쯤, 화개 지방에 20만평쯤 있고 나머지는 그 밖의 남부 지방에 산재해 있다.

## 차나무 재배의 이모저모

특용 작물로 분류되는 차나무는 단위 면적에 따른 농가 소득이 아주 높다. 중국이나 일본을 보기로 들면 산간 지역일수록 차밭을 만들어 소득을 올린다. 마치 우리나라 산간 지방의 계단식 논처럼 개간되어 차나무가 재배되고 있다. 우리나라에 특히 차를 재배하는 농가가 적은 것은 이웃 나라들이 차를 농산품으로 규정하여 농가에서 자유롭게 차를 만들고 팔 수 있게 하는데 견주어 우리나라는 차를 다류식품으로 묶어 까다로운 허가 기준이 따르기 때문이다. 따라서 소규모의 다농이 설 땅이 없다. 차 생활이 널리 퍼지려면 차 산업을 키워야 하고 그러려면 이런 제도는 다시 생각해 보아야 하겠다.

# 다실과 차 생활

차를 알았으면 다실을 꾸며 보자. 요즘 사람들은 혹, 다실과 응접실을 혼동하는 경우도 있을 듯싶다. 하긴 차 문화가 쇠퇴하여 차가 무엇인지조차 모호해진 마당에 응접실에서 차를 마신다고 무어라 할 사람이 있을까마는 차 이야기를 하려면 다실의 의미를 되새겨 볼 필요가 있다.

응접실은 손님을 맞이하고 접대하는 방이다. 주인의 경제 형편이나 취향에 따라 얼마든지 호화롭게 꾸미고 치장할 수 있는 방이다. 의복의 선택이나 액세서리 착용에 구애받을 일이 없으며 기호품도 마음대로 즐겨도 된다.

다실은 차 마시기 적합하게 꾸며진 방을 말한다. 차를 마시는 공간은 소박하고 단조로운 분위기가 좋기 때문에 검소해야 한다. 다실 분위기에 어울리기 위해서는 의복이나 화장이 화려하지 않아야 하며 액세서리는 하지 않는 게 좋다. 분주한 마음이나 복잡한 업무 등 여러 가지 생활의 잡념에 쫓기는 사람들이 잠시 일상에서 벗어나 쉬어 갈 수 있도록 편안하고 여유로워야 한다.

차 한 잔 마시며 명상을 통해 자기를 돌아보는 시간-화병에 꽂힌 한 송이 꽃에 자기 모습을 비춰 보고 맑은 음악이나 바람소리에 마음을 실어 보는 시간-그것은 인생을 다듬고 아름답게 가꾸는 훈련의 시간이다. 그래서 차는 혼자 마시는 것을 선(禪)이라고 했다. 그러나 '나'는 때로 가족과 벗과 이웃을 통해 확인되기도 한다. 다인들은 다실에서 만나 서로에게서 아름다움을 발견하는 심미안을 기르고 기쁜 소식을 전하며 양식(良識)을 나누고 슬픈 일들을 위로한다. 다실에서는 결코 곱지 못한 말을 던지거나 남을 비웃는 행위를 하지 않는다. 따라서 다실은 혼자 있을 때는 선방(禪房)이요, 둘 이상이 되면 세파에 때묻고 거칠어진 마음을 순화시키는 도량(道場)이 된다.

사람이란 평소 길들이기 나름이라는 말이 있듯 좋은 말만 하기, 좋은 습관 갖기, 상대의 좋은 점만 발견하기, 좋은 향기 가까이하기를 반복하면 어떤 결과가 올까. 아마도 그 인생, 삶 자체가 하나의 예술이 될 것이다. 다실은 이렇게 아름다워지는 훈련을 통해 자연과 예술과 인간 심성의 삼위일체를 구하는 방이다.

문화사란 인간의 지혜가 밝아져 미개에서 벗어나 만물의 영장다운 생활을 영위하고 발전해 온 기록이다. 살펴보면 그 역사의 시작은 불을 이용해 물을 끓여 마시는 데서부터 시작되었다고 할 수 있다. 목이 마를 때 짐승처럼 물가에 엎드려 마시던 행동이 용기(用器)를 이용해 떠 마시게 되었고 다시 그 물을 끓여 음식을 익히고 데치고 차를 우리게 되면서 차 문화도 발달하게 되었다. 반만년의 찬란한 우리 문화 역사에 차의 향기는 흥건하다. 차를 모르고 역사를 논하는 어리석음을 이제는 시정해야 한다. 차와 도자기는 불가분의 관계인데 차를 모르면서 어찌 고려 청자와 조선 백자를 이해한다 할 수 있을까. 시서 예악(詩書禮樂)이 모두 한가지다.

하지만 차는 수단이지 목적은 아니다. 돈이 물질 생활의 중심 수단이듯 차는 정신 생활의 중심 수단일 때 그 가치가 빛난다. 돈이 물질의 중심 수단이지만 돈 자체를 내세우지는 않듯, 차 역시 겉으로 드러내어 자랑할 것은 아니다. 다만 차 생활이 몸에 배인 모습이 이상적이라 하겠다.

다른 한편에서 한국 사상의 뿌리를 충효(忠孝)라 한다. 충이나 효는 목적격이어서 수단이 있어야 한다. 그 수단이 바로 차였다. 우리 조상들은 나라에 충성하고 조상에 예를 올리고 부모에게 효도하는 근본 심성과 예의바른 몸가짐을 차로 다듬었다. 오늘날 충효 사상에 문제가 있다면 역시 차 생활을 외면한 탓일 것이다.

집에 오신 손님을 정성껏 대접하고 가시는 손님은 뒤가 안 보일 때까지 배웅하는 고유의 미풍양속 또한 차를 외면하고 성립될 수 없다. 우리에게 차가 없었다면 '동방예의지국'이란 말도 일상다반사(日常茶飯事)라는 말도 없었을 것이며, 다례의 유속(遺俗)도 없었을 것이다.

이 기회에 온 국민이 차에 좀더 깊은 관심을 가져 보기를 희망해 본다. 정부-특히 교육부에서 차 생활의 가치를 부활시켰으면 한다. 다도라고 엄숙하게 부르지 않아도 좋다. 다례라고 부르며 번거롭게 행하지 않아도 좋다. 그냥 '차 놀이' 한다고 정감 있게 부르며 생활화하면 어떨까. 다만 다실에서 주인된 사람이 직접 정성껏 차를 내어 대접하는 풍속만 다시 살려진다면 이웃간의 정이 더욱 돈독해질 것이며 건조한 사회에 금세 윤기가 흐를 것이다.

작은 공간이라도 좋으니까 다실을 꾸미고 다회를 만들고 차 생활을 가르치자. 차를 배우는 것은 사고의 폭을 넓혀 더욱 품위 있는 정신 문화를 만들자는 노력이요, 차를 행한다는 것은 인간 관계를 아름답게 가꾸고 다듬자는 이야기임을 널리 알리자.

# 참고 문헌

『고려사』

『신증동국여지승람』

『세종실록지리지』

『조선왕조실록』

김부식, 『삼국사기』

서긍, 『고려도경』

서유구, 『임원경제지』

성현, 『용재총화』

안종수, 『농정신편』

육우, 김명배 역, 『다경』, 태평양박물관, 1982.

이능화, 『조선불교통사』

일연, 『삼국유사』

장의순, 김두만 역, 『동다송·다신전』, 태평양박물관, 1982.

최치원, 『계원필경』

김명배, 『한국 차 문화사』, 다원, 1983.

김성배, 『길 따라 발 따라』, 사회발전연구소 출판부, 1983.

김운학, 『한국의 차 문화』, 현암사, 1981.

문일평, 『차고사(茶故事)』, 호암전집, 1937.

정학래, 『일본 차 문화사』, 다원, 1983.

諸岡存·家人一雄, 최순자 역, 『조선의 차와 선』, 삼양출판사, 1983.

최규용, 『금당다화』, 금당다우, 1978.

최범술, 『한국의 차·다론』, 독서신문, 1974.

———, 『한국의 다도』, 보련각, 1980.

빛깔있는 책들 203-1

# 다도


글·사진 | 이기윤

초판 1쇄 발행 | 1989년 5월 15일
초판 18쇄 발행 |2016년 11월 10일

발행인 | 김남석
발행처 | ㈜대원사
주 소 | 135-945 서울시 강남구 양재대로 55길 37, 302
전 화 | (02)757-6711, 6717~9
팩시밀리 | (02)775-8043
등록번호 | 제3-191호
홈페이지 | http://www.daewonsa.co.kr

값 8,500원

Daewonsa Publishing Co., Ltd
Printed in Korea 1989





ISBN | 978-89-369-0067-6 00590

## 빛깔있는 책들

### 민속(분류번호:101)

| | | | | |
|---|---|---|---|---|
| 1 짚문화 | 2 유기 | 3 소반 | 4 민속놀이(개정판) | 5 전통 매듭 |
| 6 전통 자수 | 7 복식 | 8 팔도 굿 | 9 제주 성읍 마을 | 10 조상 제례 |
| 11 한국의 배 | 12 한국의 춤 | 13 전통 부채 | 14 우리 옛 악기 | 15 솟대 |
| 16 전통 상례 | 17 농기구 | 18 옛 다리 | 19 장승과 벅수 | 106 옹기 |
| 111 풀문화 | 112 한국의 무속 | 120 탈춤 | 121 동신당 | 129 안동 하회 마을 |
| 140 풍수지리 | 149 탈 | 158 서낭당 | 159 전통 목가구 | 165 전통 문양 |
| 169 옛 안경과 안경집 | 187 종이 공예 문화 | 195 한국의 부엌 | 201 전통 옷감 | 209 한국의 화폐 |
| 210 한국의 풍어제 | 270 한국의 벽사부적 | 279 제주 해녀 | 280 제주 돌담 | |

### 고미술(분류번호:102)

| | | | | |
|---|---|---|---|---|
| 20 한옥의 조형 | 21 꽃담 | 22 문방사우 | 23 고인쇄 | 24 수원 화성 |
| 25 한국의 정자 | 26 벼루 | 27 조선 기와 | 28 안압지 | 29 한국의 옛 조경 |
| 30 전각 | 31 분청사기 | 32 창덕궁 | 33 장석과 자물쇠 | 34 종묘와 사직 |
| 35 비원 | 36 옛책 | 37 고분 | 38 서양 고지도와 한국 | 39 단청 |
| 102 창경궁 | 103 한국의 누 | 104 조선 백자 | 107 한국의 궁궐 | 108 덕수궁 |
| 109 한국의 성곽 | 113 한국의 서원 | 116 토우 | 122 옛기와 | 125 고분 유물 |
| 136 석등 | 147 민화 | 152 북한산성 | 164 풍속화(하나) | 167 궁중 유물(하나) |
| 168 궁중 유물(둘) | 176 전통 과학 건축 | 177 풍속화(둘) | 198 옛 궁궐 그림 | 200 고려 청자 |
| 216 산신도 | 219 경복궁 | 222 서원 건축 | 225 한국의 암각화 | 226 우리 옛 도자기 |
| 227 옛 전돌 | 229 우리 옛 질그릇 | 232 소쇄원 | 235 한국의 향교 | 239 청동기 문화 |
| 243 한국의 황제 | 245 한국의 읍성 | 248 전통 장신구 | 250 전통 남자 장신구 | 258 별전 |
| 259 나전공예 | | | | |

### 불교 문화(분류번호:103)

| | | | | |
|---|---|---|---|---|
| 40 불상 | 41 사원 건축 | 42 범종 | 43 석불 | 44 옛절터 |
| 45 경주 남산(하나) | 46 경주 남산(둘) | 47 석탑 | 48 사리구 | 49 요사채 |
| 50 불화 | 51 괘불 | 52 신장상 | 53 보살상 | 54 사경 |
| 55 불교 목공예 | 56 부도 | 57 불화 그리기 | 58 고승 진영 | 59 미륵불 |
| 101 마애불 | 110 통도사 | 117 영산재 | 119 지옥도 | 123 산사의 하루 |
| 124 반가사유상 | 127 불국사 | 132 금동불 | 135 만다라 | 145 해인사 |
| 150 송광사 | 154 범어사 | 155 대흥사 | 156 법주사 | 157 운주사 |
| 171 부석사 | 178 철불 | 180 불교 의식구 | 220 전탑 | 221 마곡사 |
| 230 갑사와 동학사 | 236 선암사 | 237 금산사 | 240 수덕사 | 241 화엄사 |
| 244 다비와 사리 | 249 선운사 | 255 한국의 가사 | 272 청평사 | |

### 음식 일반(분류번호:201)

| | | | | |
|---|---|---|---|---|
| 60 전통 음식 | 61 팔도 음식 | 62 떡과 과자 | 63 겨울 음식 | 64 봄가을 음식 |
| 65 여름 음식 | 66 명절 음식 | 166 궁중음식과 서울음식 | | 207 통과 의례 음식 |
| 214 제주도 음식 | 215 김치 | 253 장醬 | 273 밑반찬 | |

## 건강 식품(분류번호:202)

105 민간 요법 181 전통 건강 음료

## 즐거운 생활(분류번호:203)

67 다도 68 서예 69 도예 70 동양란 가꾸기 71 분재
72 수석 73 칵테일 74 인테리어 디자인 75 낚시 76 봄가을 한복
77 겨울 한복 78 여름 한복 79 집 꾸미기 80 방과 부엌 꾸미기 81 거실 꾸미기
82 색지 공예 83 신비의 우주 84 실내 원예 85 오디오 114 관상학
115 수상학 134 애견 기르기 138 한국 춘란 가꾸기 139 사진 입문 172 현대 무용 감상법
179 오페라 감상법 192 연극 감상법 193 발레 감상법 205 쪽물들이기 211 뮤지컬 감상법
213 풍경 사진 입문 223 서양 고전음악 감상법 251 와인(개정판) 254 전통주
269 커피 274 보석과 주얼리

## 건강 생활(분류번호:204)

86 요가 87 볼링 88 골프 89 생활 체조 90 5분 체조
91 기공 92 태극권 133 단전 호흡 162 택견 199 태권도
247 씨름 278 국궁

## 한국의 자연(분류번호:301)

93 집에서 기르는 야생화 94 약이 되는 야생초 95 약용 식물 96 한국의 동굴
97 한국의 텃새 98 한국의 철새 99 한강 100 한국의 곤충 118 고산 식물
126 한국의 호수 128 민물고기 137 야생 동물 141 북한산 142 지리산
143 한라산 144 설악산 151 한국의 토종개 153 강화도 173 속리산
174 울릉도 175 소나무 182 독도 183 오대산 184 한국의 자생란
186 계룡산 188 쉽게 구할 수 있는 염료 식물 189 한국의 외래 · 귀화 식물
190 백두산 197 화석 202 월출산 203 해양 생물 206 한국의 버섯
208 한국의 약수 212 주왕산 217 홍도와 흑산도 218 한국의 갯벌 224 한국의 나비
233 동강 234 대나무 238 한국의 샘물 246 백두고원 256 거문도와 백도
257 거제도 277 순천만

## 미술 일반(분류번호:401)

130 한국화 감상법 131 서양화 감상법 146 문자도 148 추상화 감상법 160 중국화 감상법
161 행위 예술 감상법 163 민화 그리기 170 설치 미술 감상법 185 판화 감상법
191 근대 수묵 채색화 감상법 194 옛 그림 감상법 196 근대 유화 감상법 204 무대 미술 감상법
228 서예 감상법 231 일본화 감상법 242 사군자 감상법 271 조각 감상법

## 역사(분류번호:501)

252 신문 260 부여 장정마을 261 연기 솔올마을 262 태안 개미목마을 263 아산 외암마을
264 보령 원산도 265 당진 합덕마을 266 금산 불이마을 267 논산 병사마을 268 홍성 독배마을
275 만화 276 전주한옥마을